給所有人的

居家風格課

何玲——著

原點

前言

軟裝佈置經常被定義為「將一個空間倒過來，會掉下來的東西就屬於軟裝」。我一直覺得這樣的解釋看似通俗易懂，卻忽略了軟裝最本質的特點——「氛圍」。軟裝是空間搭配，是搭配選擇細節，是細節氛圍的區分。

每個物品都有自己獨特的氣質與氛圍，如何利用它們搭配出和諧又合適的氛圍，如何把控氛圍與空間功能的關係，都是設計師學習及探索的永恆主題。如同作家要想利用文字表達出或恢宏或樸實無華，抑或恐怖的各種氛圍，都需要深厚的文化積累與寫作功底。

每一門學科都是深奧的、嚴謹的，所以專業書籍往往會顯得比較乏味枯燥，設計書籍也不例外。寫出一本通俗易懂、圖文並茂的軟裝佈置書籍是我對這個職業的執念之一。基於此，加上空間設計師與手繪教師的身份，在歐洲留學及工作期間，我收集整理出近年全球流行的多種居家風格，最終有了這本通俗易懂的手繪居家風格書。

居家空間設計行業不應只有萬年不變的八大風格。風格是隨著社會發展、市場需求、人們的審美觀念的變化而變化的。設計、創意不會被風格束縛，風格卻能為空間增加底蘊、注入靈氣。掌握最新的風格，能為打造個性的空間提供更多可能性。

手繪愛好者也可以臨摹書中大量的軟裝手繪圖，在練習的同時瞭解相應風格。手繪的過程也是思考和表達思路的過程。

希望通過本書與熱愛生活、熱愛自然、熱愛藝術的你，分享流行設計風格。去找到自己偏愛的風格，佈置自己的個性小家吧！每個人都可以成為空間設計師。

何玲
2020.05.20

風格名稱	藝術家推薦	音樂氛圍關鍵詞
民族風	古斯塔夫・辛格爾 Gustave Singier	民族特色
工業風	尚米樹・巴斯奇亞 Jean-Michel Basquiat	搖滾金屬
都會森林系	亨利・盧梭 Henri Julien Felix Rousseau	自然純音
波西米亞風	阿弗羅・巴薩德拉 Afro Basaldella	牧民奔放
七〇年代復古風	法蘭克・史特拉 Frank Stella	熱鬧熱情
地中海風	伊夫・克萊因 Yves Klein	海邊清新
漢普頓渡假風	畢卡索的「藍色時期」 Picasso's「blue period」	熱情舒適
手作慢活風	馬丁・巴雷 Martin Barre	安靜舒緩
歐式經典風	古斯塔夫・庫爾貝 Gustave Courbet	古典音樂
北歐風	卡爾・拉森 Carl Larsson	溫暖理性
裝飾藝術風	古斯塔夫・克林姆 Gustav Klimt	華麗優雅
日式風	長谷川等伯 Hasegawa Tohaku	日式清新
新中式風	吳冠中	古風純音
跳色個性風	皮特・科內利斯・蒙德里安 Pieter Cornelis Mondriaan	刺激新潮
鄉村風	克勞德・莫內 Claude Monet	鄉村音樂
普普風	安迪・沃荷 Andy Warhol	嬉皮叛逆
自然風	巴勃羅・瑞伊 Pablo Rey	簡單自然
異國風	保羅・高更 Eugene Henri Paul Gauguin	民族風情
老件收藏系	喬凡尼・塞岡蒂尼 Giovani Segantini	熱鬧復古
美式風	馬丁・約翰遜・海德 Martin Johnson Heade	優雅純音
溫馨浪漫系	艾瓦・佐夫斯基 Ivan Aivazovsky	浪漫愛情
現代風	蓋伊・羅斯 Guy Rose	高尚理性
摩洛哥風	班傑明・康斯坦特 Benjamin Constant	溫暖熱情

目錄

民族風
Ethno

到位公式 ──暖色調＋棉麻布料＋大量木材＋

自然花卉＋大量圖騰＋編織掛毯

- 純樸自然，溫馨美好
- 神祕感十足，異國風情
- 原始手工質感強烈，注重混搭
- 滿滿編織、印花圖騰

風格解析

民族風室內空間充滿了民族文化風情元素，空間氛圍呈現出原始感、異國風情，具神祕色彩。色調鮮豔大膽，以紅、黃等暖色為主，大量圖騰、編織、印花隨處可見，材質天然原始，給人返璞歸真之感。

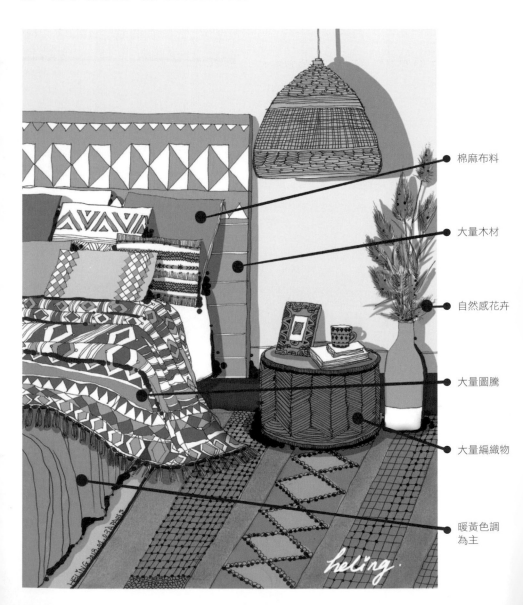

棉麻布料

大量木材

自然感花卉

大量圖騰

大量編織物

暖黃色調
為主

KEYWORD——民族風

民族風是一個集合詞，是多元的，是一個民族在長期的發展中，由於地域、氣候、人文、宗教等不同，形成具有獨特魅力的藝術風格。此風格帶有天然、地域、宗教、階級和神祕等特性，表達出人們純樸且美好的願望。每一種花紋圖案都由他們信奉的宗教、風俗習慣、藝術傳統等因素構成，又因創作時主題形成的特殊性與表現方法的習慣性等差異，不同民族作品形成迥異的風格效果。室內裝飾上，民族風不拘泥於某一個特定民族文化的形式，注重混搭。同一個室內空間中，可結合多種文化元素進行佈置。

編織與圖騰

是民族風最主要的特徵。圖騰包容性極強，不同民族文化的圖騰可隨意混搭。

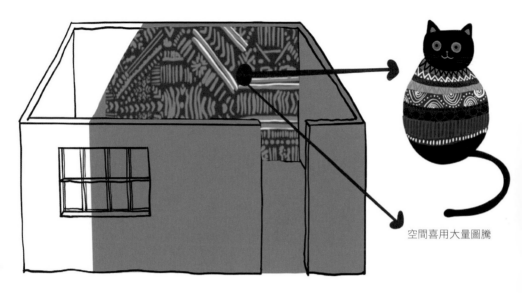

空間喜用大量圖騰

配色極為豐富大膽，純度較高、對比強烈，以暖色為主。

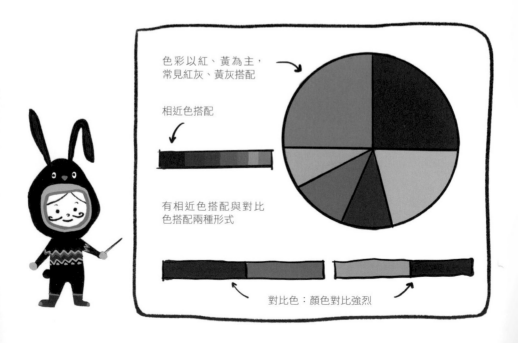

色彩以紅、黃為主，常見紅灰、黃灰搭配

相近色搭配

有相近色搭配與對比色搭配兩種形式

對比色：顏色對比強烈

大量原始圖騰、各個民族
的傳統紋飾混搭

鮮豔的黃色為主色調的空
間，用抱枕的藍色、紫色
等對比色作為點綴色

羊毛地毯，增添空間溫暖
舒適、天然的氛圍

黃色主調

溫暖的異國風情，與極
簡風相反，偏愛圖騰和
編織物的陳列感

視覺上「滿滿的」。
添加植物，呼應天然
之感

材質選擇以木材、棉
麻、亞麻、石材、藤等
具有原始、天然特徵的
材料為主

以紅色為主色的空間表
現

紅色主調

非洲工藝為主裝飾

當下流行的民族風圖騰以非洲藝術、中西非藝術（如迦納）與北非藝術（如摩洛哥）為主，純天然材料、純手工工藝製品、樸實實用、色彩絢爛是它們的共同點。其中以手工布料、手工編織物等具有鮮明民族特色的元素最為常見。

非洲傳統藝術，指撒哈拉以南的非洲藝術。常見藝術形式有：人像面具、雕塑、金屬製品、建築、纖維藝術（fibre art）和舞蹈等。涵蓋多國的西非富有極具民族特色的圖騰與手工製品，如：迦納的肯特布，以豐富鮮豔的色彩及細膩柔軟的質感而聞名。

摩洛哥藝術，是伊斯蘭文化、歐洲文化、柏柏文化（Berber）、阿拉伯文化、撒哈拉以南非洲文化等融合的產物。常見藝術品有摩洛哥土陶罐、燈籠，柏柏地毯等。柏柏地毯以其打結方式、天然染料、手工編織、質地厚重而聞名，常用尼龍、羊毛等材料。傳統的柏柏地毯以天然色為主，如白色、象牙色、米黃色等純色，或在此基調上加上褐色、淺褐色、黑色等顏色的抽象紋樣或簡單幾何圖案。現在的柏柏地毯也有鮮豔的配色，因其厚重的質感，常用來做室內裝飾掛毯。

顏色

民族風對色彩限制少，簡約的圖騰或五彩斑斕的圖騰都能駕馭。在此將多元的民族風按顏色分為兩種。

1. 清新簡約：空間以白色、米色、土黃色等柔和的暖色為主，能呈現出溫馨的效果。

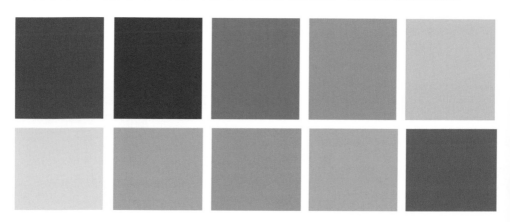

2. 五彩斑斕、充滿圖騰：以藍色、綠色、紫色、紅色、藏青色、黑色等較為濃重的配色為主，利用撞色的搭配方式，呈現出活潑、熱鬧、生機勃勃的空間氛圍。

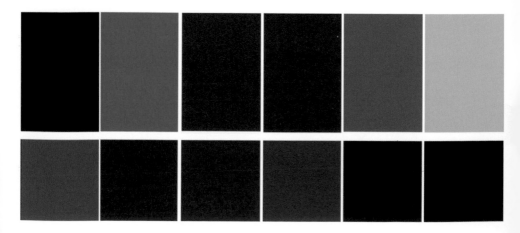

材料、器皿

簡約原始，常見的有原始風格木家具、粗獷土陶器皿（如塔吉鍋等）。手工藝製品是民族風的關鍵，強調純天然的材料，如亞麻、棉、羊毛、木材等。

原始感木凳

土陶器皿

塔吉鍋

編織布品

羊毛

亞麻

色彩鮮豔的地毯及布品紋飾

迦納的肯特布織品

色彩淡雅清新的地毯、掛毯及布品紋飾

柏柏地毯及掛毯

深色木地板，花樣拼接

淺色藤編家具，
搭配簡約桌子

草藤編織牆壁掛件

繁複幾何花紋，搭配
暗紅復古色調

臥室

家具

大部分家具以天然木材為原料，呈現原始感。

家具紋飾常選用具有原始感和民族風情的圖案。

傳統伊斯蘭風格凳

家具及顏色搭配

簡約暖灰色系
抱枕組合搭配

伊斯蘭風格
編織燈具

木質傳統雕花
沙發底座

搭配簡約淺色
茶几及椅子

暖黃色牆面裝飾　　傳統工藝邊桌，　　非洲風格紋飾　　粗麻編織地毯，
（油漆或壁紙）　　色調復古　　　　組合靠墊　　　　棕黃色調

黃色調

磚紅色、橘色調

大紅色、黃色、藍灰色調

淺薄荷綠吧台

原始感非洲
面具裝飾

民族風紋飾
廚房壁貼

民族風編織地毯，暖
色呼應牆面色調

民族風搭配現代家具

Tips

要點總結

1. 民族風是多種文化的大雜燴，包容性很強，可隨意混搭，色調鮮豔明亮，以暖色調為主。

2. 民族風強調天然及原始感，材料、配色等都以此為標準，常用木材、藤、棉、麻等材料。

3. 地毯、掛毯等布品紋飾是此風格營造的關鍵。

4. 此風格空間飽滿，氛圍活潑、熱鬧。

5. 與其他風格混搭，要注意比例，民族風為主，其他風格為輔。

民族風淺色調效果，茅草屋頂及藤編家具與室外自然呼應。

工業風
Industrial

到位公式 ——結構外露＋磚牆水泥＋原木與鋼鐵
混搭＋灰暗色調搭少量彩色＋金屬皮革家具家飾

- 復古，重金屬，隨意
- 舊物改造，循環利用
- 空間寬敞，挑高樓層
- 分享、共用形式空間

風格解析

工業風是一種美學趨勢，多出現在室內結構和室內裝飾方面。工業風是工業化與藝術創新的產物，是創新時尚與復古懷舊融合的表達方式。工業風空間是一個包容性極強且具有展示收藏品的裝飾空間，收藏、復古懷舊、大空間、隨意性等都是它的獨特之處。

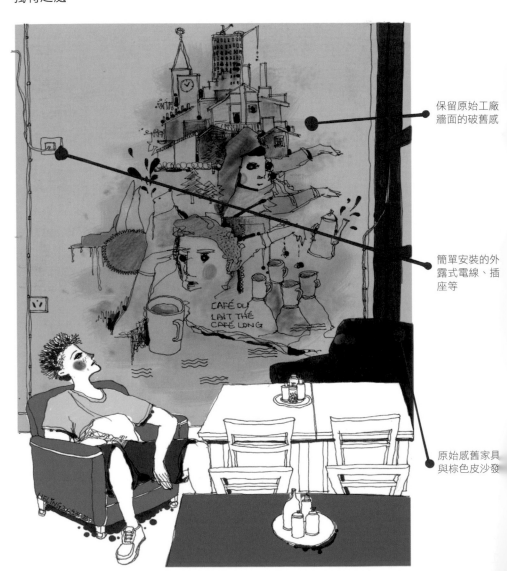

保留原始工廠牆面的破舊感

簡單安裝的外露式電線、插座等

原始感舊家具與棕色皮沙發

KEYWORD——工業風

工業風源於舊物改造創意，將相對廉價空曠的工廠空間改造成為商業空間或居住空間。這樣低成本且出色的風格效果受追求藝術和獨特個性的大眾喜愛，逐漸發展成為一種風潮。

廢棄工廠　　　　　　　　　　　　商業咖啡廳

工業感　藝術　創新時尚　復古懷舊

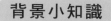

背景小知識

歐洲人普遍認為工業風發展於20～21世紀，形成原因是第二次工業革命結束時，全球化趨勢愈發明顯，西歐國家關閉大量工廠並將業務轉移到低成本國家，所以廠房建築等遭到大量閒置。隨著時間的推移，城市變得越來越大，人口越來越多，導致空間不足。將城市周圍的舊工業區轉變為居民區成為可行的解決方案，建築師和居民不願抹去這些建築的工業歷史，反而更傾向於強調它，裸露的牆壁、粗糙的天花板和大玻璃窗等，都是表露和強調建築歷史，於是慢慢開始形成了工業風。

也有人認為工業風興起於美國，認為工業風的誕生是由於20世紀六〇年代末美國冶金工業衰落，當時美國身無分文的藝術家抓住機會投資廢棄工廠。他們發現許多廢棄家具，並創造出新的用途。車間的架子、有機械臂的燈具、金屬板和其他廢料等被轉化為裝飾品，從而形成具工業特色和藝術氣息的工業風。充滿個性的工業風室內設計從出現到如今，熱度一直居高不下。

金屬元素是重點

工業風多結構外露，強調結構的材質感，常見Loft空間結構（公共與商業空間居多，如巴黎龐畢度國家藝術文化中心）。

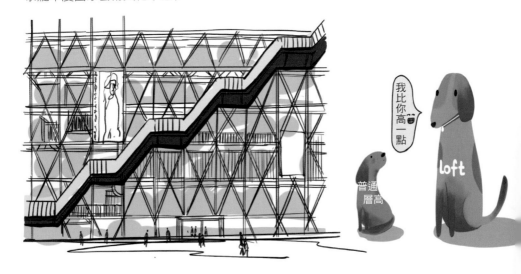

鋼、鐵等金屬及其色調是工業風的重點。常用鐵鏽感，氧化的紅、藍色等多種元素增添工業氛圍，用白色和天然木材等平衡空間，使之變得柔和且有生活氣息。

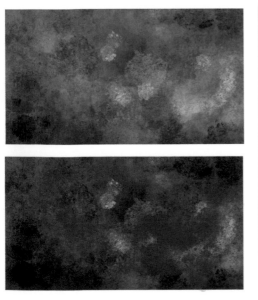

DIY再生空間，工業舊物經創意改造後重新裝飾在空間內，如裝運箱變為咖啡桌、鐵盤變成餐盤等。

空間整體開闊，常利用軟裝進行空間分割，如家具、燈具、植物等。

金屬：是空間的基礎。如生鏽鐵、鍍鋅鋼、有簡單紋飾的金屬製品等。

木材：平衡空間且增加溫暖感，不論是精緻的新木材還是粗糙的舊木材，均可用於該風格空間。

裸磚牆、水泥地：比起平整的乳膠漆牆面、精緻的瓷磚地面，工業風更偏愛裸露的磚牆、粗糙有裂紋的水泥地等，用細節營造工業廢棄感。

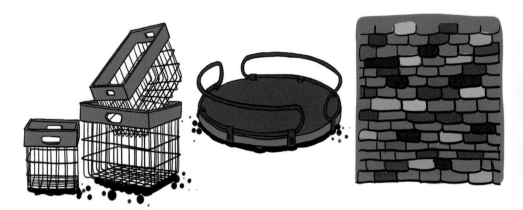

皮革：無論是高尚光滑的皮質，還是風化磨損的皮革，柔軟的觸感都能為空間增添溫馨的氛圍和復古味道。

機械：齒輪、螺帽、螺絲、鉚釘等機械零件類飾品都是此風格的絕佳選擇。

裸露的管道：工業風的商業空間中常見裸露建築結構，如通風管道和水管等，而居家空間可以利用金屬製書架、桌腳等細節。

帶腳輪的家具：家具上帶有腳輪會讓家具呈現出工業氣息。

顏色

工業風偏愛較灰暗的色調，常用經典黑色、白色、灰色為主色調，配色選用土黃色、赭紅色、褐色、磚紅色等色彩純度較低、綜合性較強或具有復古氣息的色彩。可以根據空間家具材料原色（舊漆褪色效果）進行選擇亮色點綴，利用藍色、紅色、黃色等鮮麗色彩做仿古效果。

主　　　　　　　　　　　　　　　　　　輔（仿古點綴）

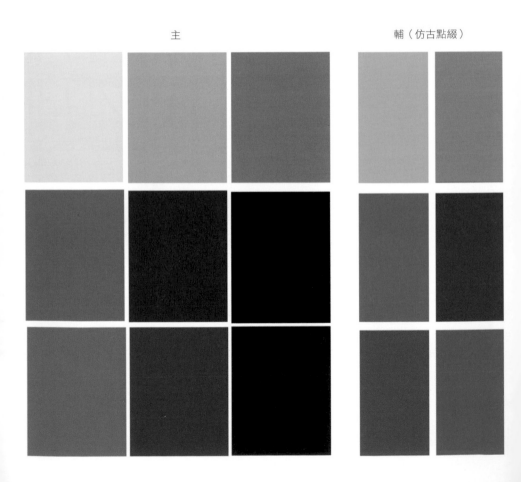

原木地板、紅磚牆搭
配黑白灰金屬材料家
具的工業風空間

空間中黑色鐵藝製品
較多，且能直觀感受
到工業風氛圍

點綴少許鮮豔色彩

顏色搭配

材料

工業材料與天然材料混搭，如木材、金屬、混凝土、皮革、石材、磚塊等。

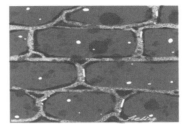

花藝植物

工業風對植栽的限定較少，不同植栽會給空間增添不同氛圍：大型植栽（如橡皮樹、琴葉榕等）能增加空間感；小型植栽（如常春藤、多肉植物等）可作為點綴色增加空間的活躍度；乾燥花、枯枝、枯葉等，能增加空間的舊物感及工業氣息。

家具

家具是工業風的重點裝飾之一，常見舊（仿古）木質、金屬、皮質等功能性與工業質感強的家具。常見以下三種形式。

1. 現代家具：顏色以暗灰色調為主，有金屬質感，線條剛硬且工業感強，強調功能性，少裝飾。

2. DIY再生家具：如貨箱上保留紋樣、數字等工業標誌，將其作為家具二次利用，為空間增添工業感與懷舊感。

3. 仿古家具：如仿古處理的復古棕色、黑色皮沙發等。

原始工廠舊牆面　　　棕紅色鐵藝書桌　　　自製黑色鐵藝擺架　　　藍綠色復古鐵藝檯燈

搭配復古鐵藝家具

黑色復古皮質沙發

鐵藝改造茶几和鏽跡斑斑的藍色仿古櫃子

收藏牆（畫、舊照片、海報、舊唱片等）

躺椅（復古皮質加上線性鐵藝結構）

燈具

照明裝飾是營造此風格的重點，常分為兩類：現代幾何燈具和老式工業風燈具。前者簡約、現代，後者的機械風格讓人聯想起蒸汽龐克（Steampunk）文化。燈光多選暖色，能夠緩和空間的暗色調。

現代幾何燈具

老式工業風燈具

寢具布品

常用偏灰色調，如白的暗灰白，藍的暗灰藍、霧霾藍，黃的薑黃、暗黃色等。較少使用窗簾，讓光線大量進入相對暗沉的工業空間。

整體以棕色、薑黃色、深木色等復古色調為主

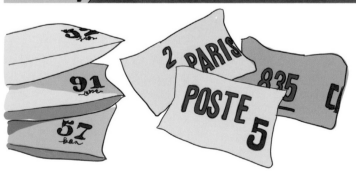

印有數字或簡單紋樣的亞麻抱枕、皮質抱枕等是工業風布品的特點之一。

寝具布品是整個空間最柔軟的部分，選用暖灰色能平衡空間氛圍，給空間增加一些溫暖感。

藍灰、黃灰漸變色仿
古牆面

重金屬或頹廢感十足
的牆壁掛畫

個性舊皮箱代替
床頭櫃

暖色寢具搭配羊毛毯
等，增加溫馨感

強調廢棄感與頹廢感的臥室

工業風寬敞臥室空間

Tips

1. 工業風常見灰暗色調，以理性的黑色、靜謐的白色與中性的灰色，呈現理性冷靜的氛圍，點綴少量彩色增加活躍感。
2. 以原木與鐵藝材料為主，強調工業材質感。利用金屬家具或裝飾品，搭配仿古質感的經典款式皮質沙發、路標、車牌等，提升空間豐富度。
3. 常見工業風室內空間開闊且挑高樓層（如Loft結構），強調共用式的空間特色。
4. 可用布品或與其他風格混搭，增添柔軟質感與溫馨氛圍，柔化剛硬的線條及理性的工業氛圍。
5. 此風格強調建築與裝飾品的原始材料性和歷史性，保留原本狀態是此風格的靈魂，如裸露的建築結構與牆面。

6. 工業風空間的共用性恰好適合商業空間，今天居家的工業風軟裝常以室內結構與電路等外露搭配家具飾品等來表現工業感。

都會森林系
Urban Jungle

到位公式 ——綠色系為主＋搭配北歐、現代、藤編家具＋高低配置植物群

- 森系小清新，用綠色和植物裝飾你的家
- 親近大自然，暫離城市工業感
- 搭配易上手，風格易成型
- 家具搭配多樣化，風格百搭

DES PLANTES DANS LA MAISON
(un appartement espagnol qui laisse (
belle aux plantes).

HELING
2016.11.13.
— à paris.

Ling.

都會森林系是崇尚綠色自然，逃避傳統束縛的風格。透過添加軟裝配飾將大量綠色與室內空間結合的方式，打造森林氛圍，把家營造出大自然風情。

城市　　　　　+　　　　　森林

近年來，此風格締造出許多被時尚界、設計圈喜歡的元素和單品（日常生活中可常見到）。

羽衣甘藍色　　　　　龜背芋植栽圖騰　　　　　鳳梨圖案

KEYWORD——都會森林系

都市混凝土讓生活在其中的現代人感覺越來越壓抑，人們渴望回歸大自然的懷抱。充滿大自然風情和旺盛生命張力的森林風將有生命的綠色世界搬進室內，冰冷的鋼筋混凝土與森林形成鮮明對比，滿足人們對自然的嚮往，因而越來越受歡迎。都會森林系自2016年起成為設計界主流風格之一。

躲進森林裡

heling 2109

小知識

都會森林系自由且自然，它的綠色幾乎無處不在，將綠色（森林綠、螢光綠、粉綠等）的不同色調與華麗的植物印花完美結合。

傳統的都會森林系是在貌似雜亂中尋求秩序，保留大量原本在自然中存在的顏色，其特點是更加自然，呈現原生態，更符合此風格100%自然的精神；現代的都會森林系是將兩者的精神結合後的產物，特點是更加清新、簡潔有序。此風格的設計靈感源自多個國家和地區的綠色森林，因此植物選擇上限制較少。

營造方式

都會森林系的營造方式主要分為兩種：自然營造法和顏色圖案營造法。

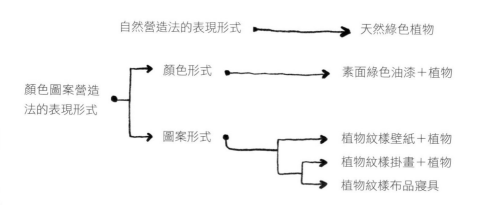

自然營造法的表現形式 ⟶ 天然綠色植物

顏色圖案營造法的表現形式

顏色形式 ⟶ 素面綠色油漆＋植物

圖案形式

植物紋樣壁紙＋植物

植物紋樣掛畫＋植物

植物紋樣布品寢具

自然營造法

室內空間的30%～40%用植栽裝飾。

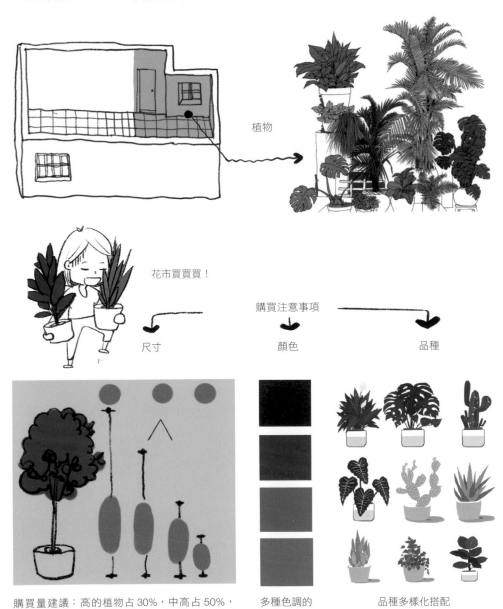

植物

花市買買買！

購買注意事項

尺寸　　顏色　　品種

購買量建議：高的植物占30%，中高占50%，低的占20%。注意要多種高度結合，營造出高低錯落感

多種色調的綠色搭配

品種多樣化搭配

顏色圖案營造法

1. **顏色**：用大面積綠色來裝飾，保留綠色特徵。
2. **圖案**：用綠色植物花紋來裝飾，或去掉綠色，僅保留植物花紋。

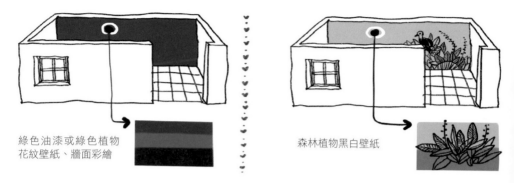

綠色油漆或綠色植物
花紋壁紙、牆面彩繪

森林植物黑白壁紙

顏色搭配

將牆面粉刷成綠色，搭配少許植物，下圖為示範色。

顏色根據個人喜好在綠色範圍內選擇。注意以下兩點：1.偏藍綠的色調，比純綠色易搭配、
易駕馭；2.暗色調的綠色（灰綠、墨綠等）能適當降低空間的壓抑感，且能增加空間質感。

圖案搭配

大幅植栽印花壁紙搭配少許盆栽植物，營造從壁紙到真實植物的延伸感。

大幅植栽掛畫形式，選擇性多，現代感更強。

圖案選擇

兩者相較，茂密型更容易顯現效果

清新型

茂密型

用掛畫和壁紙營造森林感

如果喜歡偏重色的掛畫，大幅效果更佳。

大幅更有效果　　　　　　　　多幅小圖顯得比較亂

如果選擇形式簡單的小清新植物掛畫，需要多幅才能營造出都會森林系的氛圍。別忘了關鍵字「森林」哦。

都會森林小清新　　　　　　　　普通小清新

可選擇具有大自然風情的黑白森林背景壁紙。

RABB HELING 何翔全. A PARIS. URBANJUNGLE.

heling.

BOHEME CHIC
AVEC URBAN JUNGLE.
HELING A Paris.
2017. 3. 25.

73

植物

大自然風情的植物與植物圖案是這個風格的主角與靈魂，空間選用大量植物，使人產生身處森林的錯覺。可根據地域選擇適合室內生長的綠葉植物、觀葉盆栽，盡可能讓空間充滿綠色，並利用不同高度的植物呈現出豐富層次感。常選用植物包括：高的琴葉榕、黃椰子、橡皮樹、天堂鳥、旅人蕉、棕竹、發財樹等；中高的仙人掌、火鶴花、龜背芋、綠蘿、蘆薈、虎尾蘭、袖珍椰子、常春藤、姑婆芋等；低的多肉小盆栽等。

琴葉榕

棕竹

高植栽

高度對比

橡皮樹

中高植栽

白鶴芋

龜背芋

柱狀仙人掌

姑婆芋

仙人掌

蘆薈

虎尾蘭

綠蘿

寢具布品

白色、綠色、灰色系列，植物花紋系列，混搭系列等。

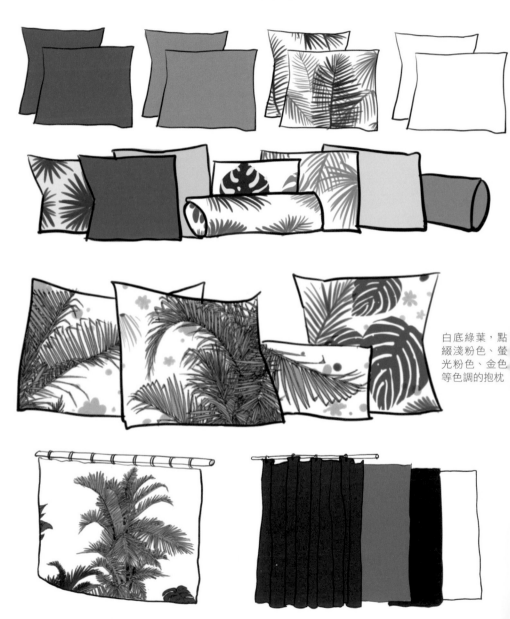

白底綠葉，點綴淺粉色、螢光粉色、金色等色調的抱枕

白底綠葉圖案

多種綠色調搭配白色

紋樣圖案

都會森林系裡最常見的圖案有龜背芋、棕櫚、仙人掌、芭蕉、青蘋果竹芋等。（排列方式常見重複或重疊）

常見動物圖案有巨嘴鳥、紅鶴、猴子、猩猩等。

小知識

都會森林系的藝術家推薦：法國畫家亨利‧盧梭（Henri Rousseau，法國人叫他「海關職員」）。這個一生未離開過巴黎的海關關稅員創作了大量大自然風十足的森林風景油畫。用盧梭的大幅森林畫做壁紙，立即可見都會森林系氛圍。

家具

適合都會森林系的家具類型有以下幾種。

- **復古家具**：如復古皮質家具，呼應復古原始感；仿古鐵藝家具等能為空間增加一絲工業感。

- **現代風家具**

● **北歐風家具：**大都符合簡單天然的特點。

推薦北歐風設計師：漢斯・韋格納（Hans J. Wegner）、阿納・雅克布森 （Arne Jacobsen）、波爾・卡爾霍姆（Poul Kjaerholm）等。

● **民族風藤編家具：**輕盈、自然、原始，能營造出具有大自然風情的熱帶雨林氣息。

藤編家具推薦丹麥美女設計師南娜・迪澤爾（Nanna Ditzel）的作品。

家具適合選擇輕盈，少繁複裝飾，少雕刻雕花，外形原始簡單的樣式。

餐具

白底綠花，綠底白花或純綠色更能
突顯此風格。

顏色

常用色有藍綠、墨綠、橄欖綠、淺草綠、白色、金色、黑色、粉色、檸檬黃色、赭紅色、
棕色、土黃色等。以多種綠色為主色，白色、粉色、金色、檸檬黃等作為點綴色。

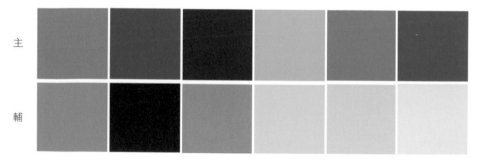

常見搭配色如下：

綠色＋白色：滿滿的綠色搭配清爽的白色，護眼透氣。

綠色＋木色：原木色搭配綠色，自然氣息撲面而來。

綠色＋黃棕色：帶有復古感的黃棕色，為空間增添原始感。

白色約40%　清爽簡潔　　木色約30%　天然透氣　　黃棕色約20%　復古原始

配飾屬於點綴，占比小。顏色選擇較廣泛，常見藍色、黃色、白色、粉色、古銅色、黑色等。一個空間內使用不多於三個鮮豔點綴色，才不會影響整體風格效果。

Tips

要點總結

1. **顏色以綠色為主，其他顏色作為點綴色**
   偏重綠色＋白色、米色等淺色，點綴金色、粉色、檸檬黃等鮮豔色；偏淺綠色＋土黃色、棕色等自然色，點綴黑白灰等單色；黑白灰植物圖案＋綠色、藍色、金黃色等，點綴淺藍色、淺綠色、白色等淺色。

2. **家具搭配多樣化**
   北歐風木家具
   現代簡約風家具
   藤編自然原始感家具
   復古家具

3. **可結合其他風格進行設計**
   都會森林系＋波西米亞風
   都會森林系＋民族風
   都會森林系＋北歐風

波西米亞風
Bohemian

到位公式——藤編或天然木紋家具＋配色鮮豔＋紋樣編
織掛件、地毯＋流蘇、串珠、蕾絲、蠟染印花等布織品

- 自由不羈，熱情奔放
- 色彩豐富，小資混搭
- 旅行欲望，裝飾豐富
- 比民族風更自由混搭

波西米亞風又被稱為波西米亞主義（Bohemianism），是希望逃避傳統束縛和無趣生活的態度。20世紀六〇年代，它主要形容過著自由漂泊、居無定所，與外在社會格格不入，與大眾價值觀迥異，具有放逐自我的生活習慣與性格的一群藝術家、文人或表演者等，代表不受一般社會習俗約束的生活態度。

在《牛津字典》中將波西米亞定義為「不受社會習俗約束的人，尤以藝術家或作家為甚」。《美國大學辭典》中將其定義為「一個具有藝術思維傾向的人，他的生活和行動都不受傳統行為準則的影響」。《威斯敏斯特評論》中寫到：「波西米亞已被廣泛接受為對文藝人的描述，不論說何種語言，不論居住在哪一城市，一個波西米亞人，便是有意無意地在生活上和藝術裡脫離世俗常規的人。」這個詞可以用來形容一個人，一個群體，一個地區，一個城市等。它代表一個寄託美好願望，放鬆自由的概念。

KEYWORD──波西米亞

波西米亞是古中歐地名，佔據了古捷克地區西部三分之二的區域。現在位於包括布拉格在內的捷克共和國中西部地區。如今提到它，人們已很少想到真正在捷克土地上生活的波西米亞人民，波西米亞已成流浪、自由、放蕩不羈等生活態度的象徵。

20世紀中後期，在經歷大戰和大蕭條後的歐洲，人們對傳統世俗審美的反抗與波西米亞的自由、不受拘束的特性吻合。六〇年代，受到大批藝術家、作家和對傳統不抱幻想的年輕人所喜愛。受啟發的藝術家、設計師們在服裝、室內裝飾、珠寶等領域留下大量作品，是這個風格歷久不衰的原因之一。

波西米亞風是100%自由精神的代名詞，此風格永遠無法完全定義。波西米亞風的空間具有獨特性，因為它強調自由、多變化。

波西米亞風具有極大的包容性，它在某種意義上類似一個收藏家，酷愛流浪和旅行，帶回來亞洲、非洲、歐洲、美洲等各個國家和地區各種風格的物品，不在乎價格，而在於其賦予的意義，混搭出專屬於自己的個性空間。

特色民族風情，復
古棕色摩洛哥手工
羊皮靠墊

手工寢具搭配毛
線團裝飾

特色畫框，收藏各
地特色照片、畫作，
打造收藏家氣質

手工編織的吊床，
以特色波西米亞式
圓形圖樣為主

顏色

色彩是波西米亞風的重要組成部分。波西米亞風在顏色搭配上個性大膽，往往以鮮豔色彩為主，常見色有綠松石色、橙黃色、米色、白色、紅色、紫色等。雖然此風格室內空間用色是自由、無拘無束、沒有理由、沒有限制的，但更偏向於強調溫暖、溫馨的自由氛圍，以暖色或暖灰色為主，如淺色調的赭紅色、橙黃色、棕色等。

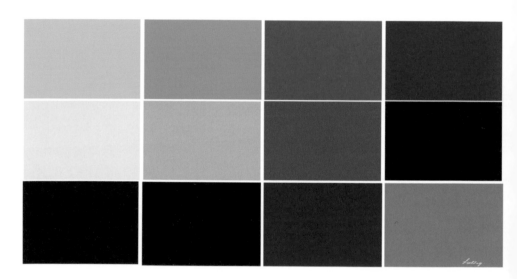

波西米亞風屬於民族風，是最受大眾喜歡的民族風，所以符合民族風的色調可以通用。

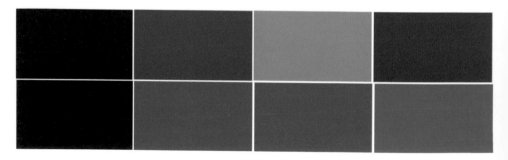

材料

包括竹子、亞麻、海草、木材、編繩、編織稻草、粗布、陶瓷、銀製品等,以天然材料為主,任何材料都可以進行添加,可選材料豐富。

陶瓷　銀飾　編繩　編織　竹子

天然材料 為主

植栽在波西米亞風的混搭空間中具有統一多種元素、使空間更和諧的作用,無論是誇張的闊葉植物還是小巧精緻的多肉植物,浮誇或內斂,此風格都可以完美駕馭。

植物加編織花籃最配

紋樣線條是波西米亞風的重點之一。常見的有圓形、條形紋樣等,有設計繁複等特徵。
如圓形掛飾中的鏤空紋樣,帶流蘇的條形紋樣、針織掛飾中橫向編織的紋樣、鎖骨項鍊
(choker)中的花紋等。表現效果粗獷、不羈、神祕,是一種自由自在的流浪者風。
熱情原始的波西米亞風,與民族風的相似度高;簡潔理性的波西米亞風,則可選擇溫暖的
淺色柏柏羊毛地毯、亞麻編織地毯等,用漸變、細膩的素色基調,為整體素雅的空間增添
質感。

波西米亞經典編織掛件

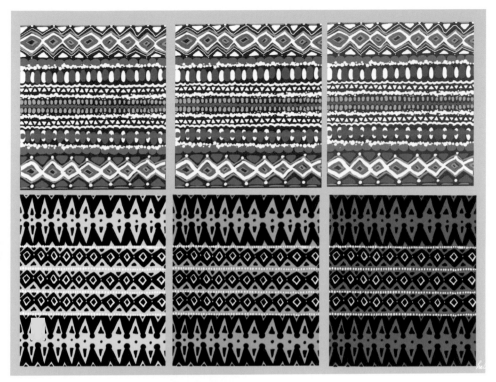

民族風地毯、掛毯通用

布品配飾

波西米亞風
牆飾

手工及編織裝飾品

手工白色長毛羊絨小
毯子

展示角落，收藏掛
畫、海報、明信片等

天然棉質黑白民族
圖騰寢具套組

波西米亞風最愛手
工編織小裝飾品

毛線編織物、
羽毛裝飾品

HEILING
2017. 3. 22.
à Paris.

BOHO

94

DIY 淺色原始感木吊床

室內用大面積淺色背
景，突出物品的色彩

波西米亞民族風編
織布品裝飾

原始感木家具，
顏色深淺均可

家具

主要選擇以天然材質打造的家具，如藤編和木質，木家具多保留木材本身的天然紋路。
可選用手工打造、具民族圖騰、粗糙天然的家具去營造熱情原始的波西米亞風。如藤編座
椅、粗糙原木茶几、復古皮沙發、具年代感的舊家具、摩洛哥靠墊等。

摩洛哥手工羊皮坐墊

波西米亞經典藤編
太陽型裝飾品

波西米亞風櫃子

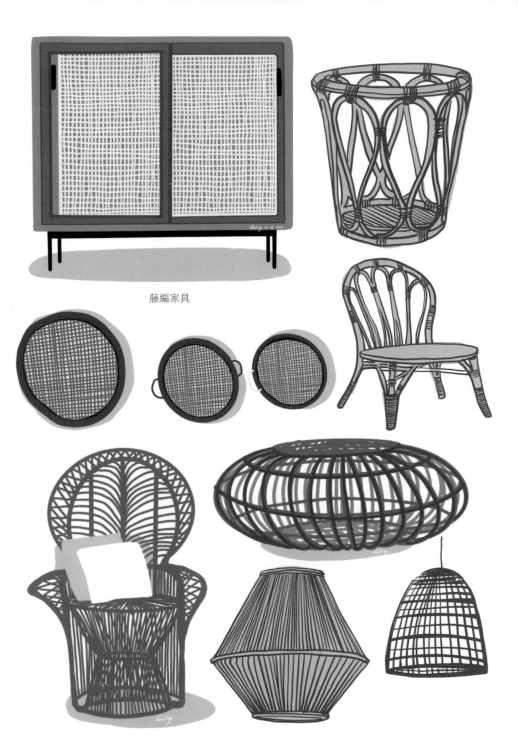

藤編家具

波西米亞風經典圓
形編織裝飾品

經典藤編搖椅,可選用
丹麥設計師南娜・迪澤
爾的作品(見P.79)

搭配藍綠色調牆面,
營造出都會森林與波
西米亞混搭風格

復古皮質家具,呼應
收藏家氛圍

搭配藤編家具

長毛款手工羊毛地毯　　波西米亞風灰色花紋　　原始天然的木質門板　　牛角、羊角等裝飾品
　　　　　　　　　　　　寢具

搭配原始感木家具

波西米亞風 VS 民族風

1. 波西米亞風屬於民族風，是近年來民族風中最流行且受歡迎的一種。
2. 波西米亞風與民族風都對圖騰包容性極強，但波西米亞風搭配更自由且強調混搭感。
3. 近年來流行的民族風整體以非洲等地民族文化為主，所以顏色整體以暖色及暖灰色為主，而波西米亞風的顏色選擇性更廣，且冷色也常常成為主色調。
4. 氛圍有所區別，雖都喜歡陳列感，但波西米亞風更強調收藏意義。

民族風
Ethno

波西米亞風
Bohemian

Tips

1. 為熱情的波西米亞風確定色彩冷暖偏好後，可隨意搭配。
2. 與各大風格結合，大膽自由地創造精神上奢華的空間。
3. 利用經典的波西米亞風設計單品來強調氛圍，如毛線編織裝飾掛件、流蘇、編織籃（花盆）、綠松石加仿古銀製品等。

4. 利用民族風元素混搭波西米亞風元素，如民族圖騰、手工編織地毯（如柏柏、波斯、土耳其地毯等）、層疊蕾絲、蠟染印花、皮質流蘇、手工細繩結、刺繡、藤條編織品、珠串等經典元素。
5. 原始自由的波西米亞風易搭配出雜貨屋效果，為避免這種情況，可適當結合有質感的家具。
6. 波西米亞風空間具有個性與獨特性。

七〇年代
復古風
70'S

到位公式——幾何圖案牆地面＋鮮豔色彩及橘色和焦糖色＋新品混搭七〇年代設計師家具＋懷舊單品：圓弧型檯燈、舊地毯、刺繡靠枕、舊電視、塑料燈具等

- 個性復古風，摩登時尚
- 熱鬧有趣，帶有一絲童趣
- 釋放叛逆的內心
- 讓人清醒的視覺刺激

風格解析

七〇年代復古風包含三〇～八〇年代混雜的諸多流行風格，是這一時期風格的統稱。它打破傳統禁錮，重新定義了一個時代的審美取向。它是對長期固化的審美意識的一種反叛嘗試，反對工業化、現代主義過於簡練、整潔，及功能主義只重視實用性，忽略裝飾美。它喚起了大膽與自由的設計理念，使風格開始多樣化，重新煥發生機活力，展現出高尚、反傳統的叛逆奢華感，主要盛行於沒有傳統文化禁錮的美國。七〇年代既是一段時期的總稱，也是該時期勇於嘗試和創新精神的代名詞。

推翻傳統

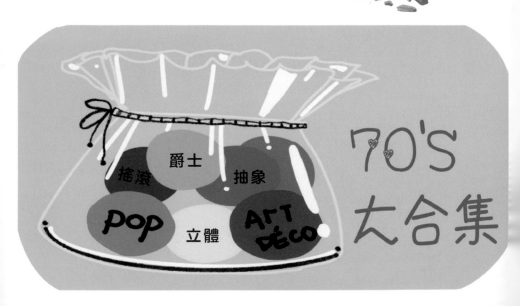

七〇年代復古風的主要特點

1. 多樣化： 七〇年代復古風是新視覺語言大爆炸的產物，是精神代表。自三〇年代開始，設計變革，工業讓設計趨於自主化，喚起了大膽與自由的新設計，風格開始多樣化並重新煥發活力。

2. 創新性： 普普運動到七〇年代成為主流，放逐對「好」與「美」的傳統概念，轉而推崇「多元化」、「嬉戲」、「獨創性」，這是打破傳統與禁錮的機會。

3. 大師雲集： 普普與裝飾藝術的完美結合，造就了這個時代的新鮮大膽與時尚性，這也是誕生安迪・沃荷等大批藝術家的時代。

4. 自由精神： 它定義了新時尚與個性設計。七〇年代復古風常出現在服裝與造型上，如喇叭褲、大花紋裙、鮑伯頭等。它的影響一直持續到現在，提供大量復古設計靈感。

七〇年代復古風經典色調及紋飾

暖色系的鮮艷色呈現復古風

牆面、地毯、布品等採用鮮艷色調是七〇年代復古風的最主要特點（橙黃等暖色最為常見）。空間常見大面積鮮艷幾何圖形。

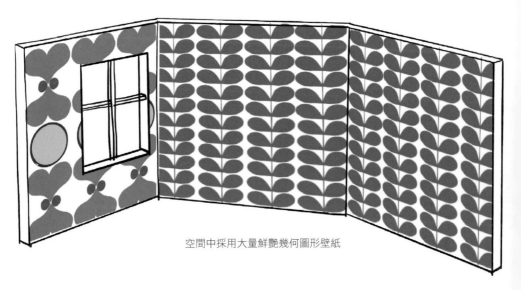

空間中採用大量鮮艷幾何圖形壁紙

復古元素豐富，個性十足且搭配多樣化。空間內常帶有明顯的時代氣息或藝術特性，如太空主題的家具、取自羅伊·李奇登斯坦（Roy Lichtenstein）等藝術家作品的色調與元素、新型材料家具等。

李奇登斯坦作品
《哭泣的女孩／ Crying girl》
《看，米奇／ Look Mickey》

橙色、黃色、紅色等
暖色為主的布品點綴

大面積鮮艷暖色調幾
何圖形壁紙裝飾

大型圓弧沙發，外形
舒適、厚重，反對死
板的工業化直角

裝飾性較強的燈具，
常見形狀簡約但顏色
豐富的裝飾品

2019.01.09 HELING

藝術家的復古靈感

七〇年代復古風代表的時代有許多充滿新鮮感的元素，如大量印刷品，刺激視覺的色彩，幾何圖案，重複圖案等。普普藝術、五〇年代美洲藝術（如抽象主義等）、裝飾藝術風、漫畫、攝影等，都為七〇年代復古風注入新的藝術靈感。

POP 藝術

抽象潑墨藝術

藝術家與設計師們為這個風格提供了大量素材，如安迪・沃荷與羅伊・李奇登斯坦。

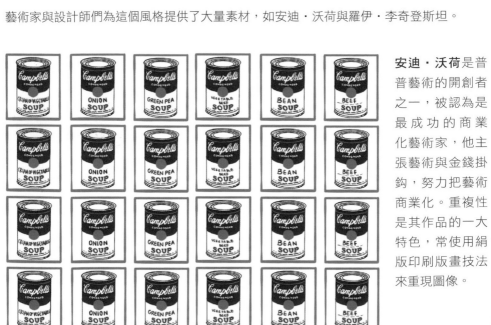

安迪・沃荷是普普藝術的開創者之一，被認為是最成功的商業化藝術家，他主張藝術與金錢掛鉤，努力把藝術商業化。重複性是其作品的一大特色，常使用絹版印刷版畫技法來重現圖像。

他用大膽色彩對比結合重複圖案，表現出極大的色彩反差感；而他的作品中最常出現的是名人以及大眾極為熟悉的人事物，如瑪麗蓮·夢露、貓王、康寶湯罐頭等。強烈視覺刺激加上熟悉的事物圖案，讓人對他的作品過目不忘。

羅伊·李奇登斯坦，美國普普藝術之父。他用漫畫和廣告風格結合的繪畫方式，借用當時大眾文化與媒體的意象，來表現「美國人的生活哲學」，他是最能呈現七〇年代復古風的代表畫家之一。著名作品有：《看，米奇／Look Mickey》《轟！／Whaam！》《沉睡的女孩／Sleeping Girl》《哭泣的女孩／Crying Girl》《戴花帽的女子／Woman with Flowered Hat》等。

顏色

常用色：橙色、檸檬黃、大紅色、綠色等純色，常選擇白色、黑色、棕色等來舒緩色調。

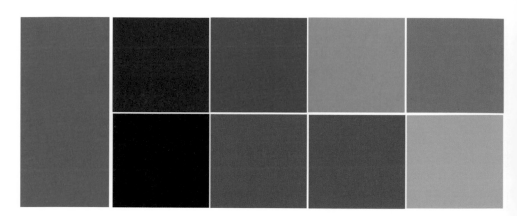

絢爛鮮艷的色彩是七〇年代復古風最主要的特徵之一。與其他風格用鮮艷豐富的色彩進行點綴不同，七〇年代復古風常用純色大色塊來碰撞出熱鬧氛圍。

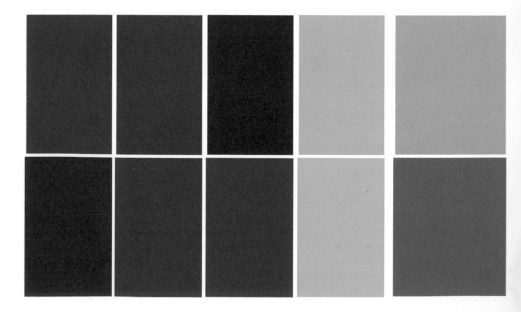

材料、餐具

材料

新型材料受此風格喜愛，多用透明、合成、表面光亮的材料，如玻璃、塑料、金屬等。塑料無處不在，大多數材料具有低限制和低廉成本的特性。想創造個性的七〇年代復古風空間又要避免出現媚俗、廉價之感，在空間中適當增加有質感的材料是關鍵！

金屬 玻璃 塑料

餐具

常選用色彩斑斕的餐具，暖色、純色受偏愛。時刻不能忽視喧鬧的顏色是此風格的重點。常用配色如暖純色系搭配白色，冷純色系搭配黑色，或選擇三種顏色進行撞色搭配，常選用復古大花圖案。材料選擇範圍較為廣泛，常用塑料或仿製塑料等。

風格多樣化讓每種家具都有自己的設計語言，除了受一些設計風格（如北歐風、包浩斯風格等）的影響外，社會大事件也是其靈感來源，如美國登月後出現了大批以此為靈感的家具設計作品。適合七〇年代復古風的經典家具選擇性較多，如：由皮埃羅・加蒂（Piero Gatti）等設計的懶人沙發（Sacco Beanbag），亨利・馬松（Henry Massonnet）設計的「Tam Tam Pop」椅凳，艾洛・阿尼奧（Eero Aarnio）設計的球椅、泡泡椅，安娜・卡斯特利・費里爾（Anna Castelli Ferrieri）設計的可組裝儲物櫃（Componibili），維納・潘頓（Verner Panton）設計的潘頓椅，蓋特諾・佩斯（Gaetano Pesce）設計的「Up5 DONNA」沙發等。進行家具選擇時常常新舊混搭。

Sacco

Tam Tam Pop

Up5 DONNA

Panton

Componibili

艾洛‧阿尼奧，當代著名設計大師，1932年出生於芬蘭赫爾辛基，是20世紀六〇年代以來奠定芬蘭在國際設計領域領導地位的重要設計大師之一。

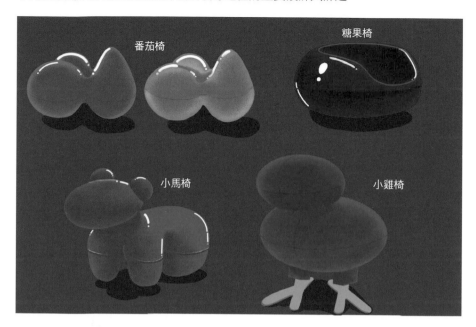

他主張「以藝術為本」作為家具設計出發點，設計的作品具有強烈的個人風格，代表作有球椅（Ball Chair）、泡泡椅（Bubble Chair）、蕃茄椅（Tomato Chair）、糖果椅（Pastil Chair）、小馬椅（Pony Chair）、小雞椅（Tipi Chair）等。

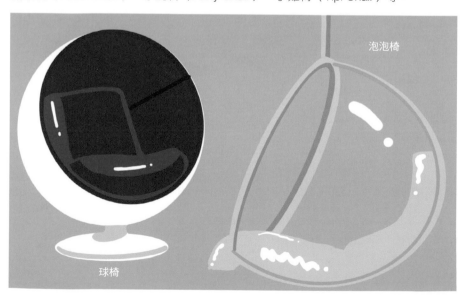

絨面復古簡約沙發　　　復古北歐深色木家具　　　搭配少量編織配件　　　復古馬賽克彩色地板。此
空間佈置簡單，重點在於
七〇年代的豐富色調

偏傳統正式的七〇年代復古風

經典亮色幾何印花圖案

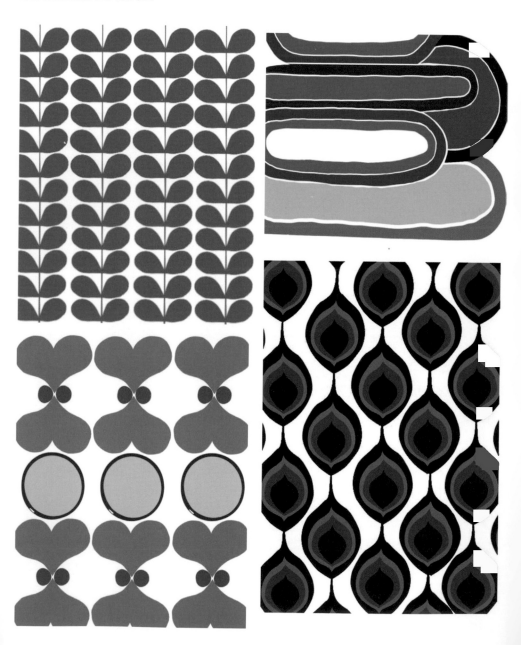

大面積經典復古
印花橘色壁紙

鮮艷七彩復古
拼色抱枕

搭配現代糖果色茶几，
增加時尚感

簡約家具，搭配深色木
櫃門，與空間色彩呼應

Tips

1. 選用各式各樣的七〇年代的大膽的設計單品，幾何圖案、華麗的印刷製品不可或缺。

2. 可以適度利用各種舊物來裝飾空間，增加年代感與趣味性，並滿足此風格多樣性的特點。如圓弧型檯燈、舊地毯、刺繡靠墊、復古手機、舊電視、塑料燈具、多色PVC管的懸掛燈等。

3. 重視色彩搭配，活用浮誇、有趣、復古等關鍵詞。除了橙色、橘色等亮暖色搭配外，焦糖色等復古色也是不錯的選擇。

4. 結合七〇年代流行的普普藝術、嬉皮、搖滾、爵士、波西米亞等多方面的風格，來設計具有大膽、勇敢、冒險、年輕等特點，充滿創造力的空間。

地中海風
Mediterranean

到位公式——藍白色調為主＋拱型門、馬蹄型窗
＋木質裸露樑結構＋擦漆仿舊或厚重實木家具＋
馬賽克磁磚裝飾＋復古鐵藝、藍色玻璃燈具

• 天然，放鬆，清新氛圍
• 享受日光浴
• 搭配多元化
• 浪漫，夢幻的氣息

風格解析

地中海風是最受歡迎的海岸風格之一，它有自己獨特的地域性與人文性，根據地中海沿岸文化及國家的不同，又可細分為希臘地中海風、南義大利地中海風、法國南部地中海風、北非地中海風和西班牙地中海風等。希臘聖托里尼地區以藍白色為主的建築裝飾風格是最受歡迎的地中海風基調。但地中海風並不只是單一的藍白色調與海洋元素的堆砌，它是極為多元化的風格。它有時透著法國的浪漫，有時摻雜著北非的神祕，有時洋溢著義大利的熱情，有時呈現出西班牙的火辣，有時又將古老的希臘藝術表現得淋灕盡致。總之它是多元藝術的融合與審美呈現。

KEYWORD——地中海風

長長的地中海海岸線，沿途穿越大量國家和地區，廣義上的地中海風是拜占庭、羅馬、希臘、北非等多種藝術形式的融匯。

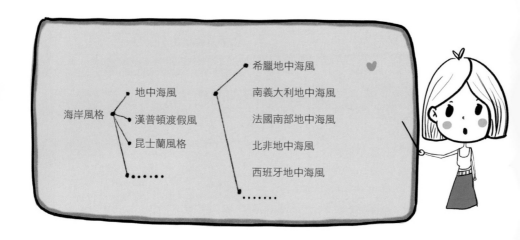

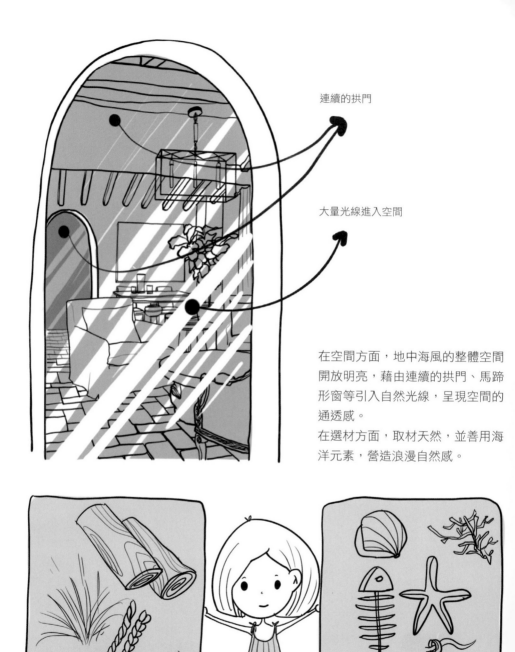

連續的拱門

大量光線進入空間

在空間方面，地中海風的整體空間開放明亮，藉由連續的拱門、馬蹄形窗等引入自然光線，呈現空間的通透感。

在選材方面，取材天然，並善用海洋元素，營造浪漫自然感。

用天然色彩配色

色彩組合講究「天然」，西班牙蔚藍色的海岸與白色沙灘，希臘的白色村莊、沙灘和碧海藍天，南義大利陽光下閃耀的金黃色向日葵花田，法國南部芳香的藍紫色薰衣草，北非特有紅褐色與土黃色的沙漠及岩石等自然景觀，都是地中海風配色的靈感源泉。

義大利

法國

希臘

西班牙

北非

在家具及裝飾材料方面，常採用舒適的原木家具來呈現地中海風的休閒感，搭配馬賽克瓷磚裝飾，豐富空間。

空間與造型

地中海風造型藝術方面受到多種藝術的影響（如拜占庭藝術），裝飾造型以曲線為主，空間線條流暢、簡潔、柔和。空間佈局放鬆，開放明亮，色調清新。

室內空間常見半圓拱型門窗、半圓型門洞、馬蹄型窗、半圓拱型壁龕、連續拱型門洞等特色造型。它原本帶有的宗教特性漸漸地被浪漫標籤所取代。

受到多元化文化影響的地中海風，室內會出現不同的拱型，如受伊斯蘭建築影響的馬蹄拱、弓形拱、三葉拱等。在地中海風室內空間中，通常簡化或去除各種不同文化的繁複紋樣，僅保留其線條造型。簡約的半圓拱型門洞、窗戶漸漸成為此風格的標誌性特點之一。半圓拱的造型藝術將空間縱深感加強，讓室內空間在層次上更豐富。

半圓拱　馬蹄拱

弓形拱　三葉拱

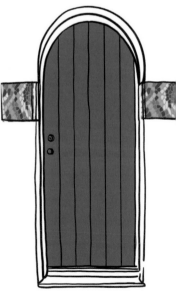

裸露的懸樑

裸露的樑體是地中海風十分有特色的標誌之一，樑體的組合讓室內空間更富有層次美。根據地區環境降水量、房屋結構設計受力不同的特點，主要分為平頂與坡頂兩種。平頂可以清晰地展現主樑與次樑的關係，層次分明，空間氛圍親切感較強；坡頂結構中軸對稱，相較平頂更顯氣勢，且空間更高，無壓迫感，空間視野開闊，氛圍更顯大器。

坡頂

平頂

裸露的原木懸樑　　文藝復興風格油畫　　原始磚鋪地板，　　多門窗，讓光線進入室內
　　　　　　　　　　　　　　　　　　　麻織地毯

餐具

常見藍白陶瓷、
玻璃器具等。

材料

常用木材（淺色木材與仿舊後的木材更佳）、舊竹、藤條、鵝卵石、貝殼、沙粒、亞麻等
天然材料及馬賽克藝術瓷磚裝飾等，烘托地中海風的自然氣息。

馬賽克藝術

馬賽克源於古希臘，是古老的鑲嵌裝飾藝術。常用來裝飾牆面、地面及窗戶等。傳統的居
家空間中，馬賽克多以碎陶磚拼接而成，而如今有玻璃、紙、塑料等多種材料可供選擇。
常以素色及多種撞色形式出現在現代家居中，現在流行的馬賽克色調通常較為柔和。

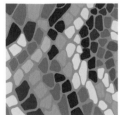 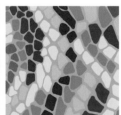  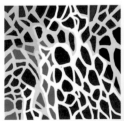

顏色

色彩組合講究「天然」，靈感來自地中海沿岸國家的地理風貌，色彩極為豐富。色調鮮艷，強調對比色，希臘色最為流行。

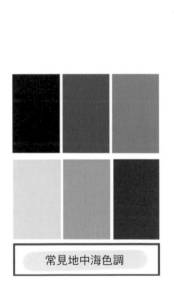

常見地中海色調

搭配舉例：

鈷藍＋白
希臘聖托里尼

藍＋黃＋綠＋藍紫
法國普羅旺斯

藍＋土黃＋赭石＋磚紅
義大利托斯卡尼等

西班牙蔚藍色的海岸與白色沙灘

希臘白牆藍頂的村莊、白色沙灘和碧海藍天

湛藍天空下南義大利的金黃色向日葵花田

法國南部的藍紫色薰衣草田

北非特有的紅褐色與土黃色沙漠及岩石等自然景觀

常見的地中海風以藍白色為主，但在北非及義大利部分地區（如托斯卡尼等）常見色調偏民族風情的地中海風。

義大利托斯卡尼色調地中海風

希臘聖托里尼色調地中海風

布品

布品常見素色或條紋、波浪紋等圖案。配色選擇範圍廣。

家具

地中海風在家具的選擇上以簡潔為主，常選用有歲月感的家具，如擦漆仿舊處理的實木家具，表現地中海風的自然氣息。也常見古樸、天然、厚重的實木家具。

素色古樸家具呈現地中海
風的海洋風情和清新感

可選用復古鐵藝、復古木質、藍色玻璃等燈具。

Tips

1. 地中海風是海岸風格中最受歡迎的一種。根據地中海沿岸文化和國家不同，又被細分為五種不同風格。
2. 常見的地中海風為希臘地中海風，色調以藍白色為主。
3. 地中海風空間開闊、光線充足，常見拱型門、馬蹄型窗、木質裸露樑結構、馬賽克等元素。
4. 地中海風主要遵循天然、清新、放鬆的氛圍。

地中海風格

漢普頓渡假風
Hampton

到位公式 ——白色搭配淺藍綠色系＋大型落地窗＋亞麻布大沙發加大量抱枕＋復古磚壁爐或簡約鐵藝燈＋白色木家具＋波浪、條紋布品

- 清新海風襲來，時尚海岸渡假風
- 清爽舒適的室內氛圍
- 低調奢華，強調舒適感
- 搭配方式簡單

漢普頓渡假風也屬於海岸風格，它與地中海風被認為是海岸風格中最受歡迎的兩種。漢普頓位於美國紐約長島東海岸，是一個聲名遠揚的富人區。起初這裡以渡假為目的建造了一批海濱住宅。而後因其新穎的建築外形、耐用的材質以及舒適素雅的室內氛圍而大受追捧，此後漢普頓住宅成為一種流行指標，於是就有了以其地名命名的漢普頓海岸風格。它是一種輕鬆溫馨的現代風，也是沙灘時尚住宅的代表。

KEYWORD——漢普頓渡假風

以渡假為目的建設的漢普頓社區，最初被富人們奉為最潮流、最時尚的住宅區。隨後美國各地開始爭相效仿此類建築與室內裝飾風格。最終它以耐用的材質、優雅溫馨的氛圍、低調奢華等特點將大眾征服。

影視作品裡也常見此風格的住宅與軟裝，因此讓此風格迅速普及開來。如電視劇《復仇／Revenge》和電影《愛你在心眼難開／Something's Gotta Give》裡的裝修風格。

興起於渡假村的漢普頓渡假風，整體基調是現代時尚與低調奢華。它摒棄繁複的傳統圖案花紋、金銀材質、艷麗的色彩等古典元素，主要以優質耐用的材質來呈現現代與奢華，整體中性色調的空間讓人備感溫馨舒適。

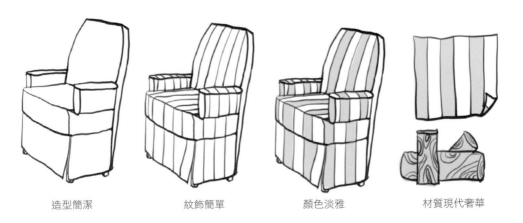

| 造型簡潔 | 紋飾簡單 | 顏色淡雅 | 材質現代奢華 |

白色是最重要的元素

漢普頓渡假風不同於其他海岸風格，它更強調白色，所以白色是漢普頓渡假風空間中最重要的特徵與元素。

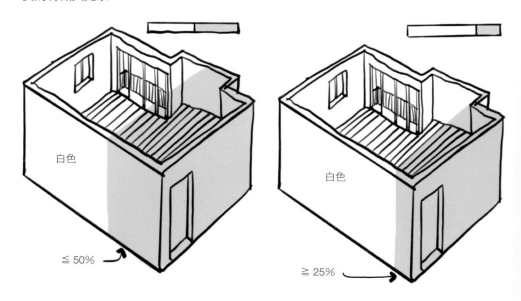

注重營造假日時尚，強調輕盈放鬆的氛圍，彷彿正在海邊渡假。

空間開放明亮，最大化利用自然光，空間形式整體、簡潔。

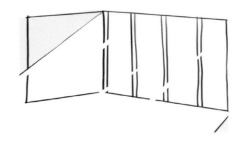

大型落地窗讓光線最大化進入室內

材料較為現代，以白色木材為主，常見形式為直條狀木質造型牆面。

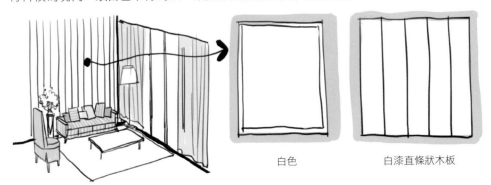

白色　　　　　　　　　白漆直條狀木板

室內空間常選用舒適的大型沙發，配以寬鬆的亞麻布料沙發罩，並用大量抱枕裝飾；窗簾常選用淺藍色或白色的布料等。

小知識

可選擇性添加一兩件古樸自然的復古裝飾品，如磚壁爐、簡約鐵藝燈等。可增加空間的復古感，營造出自然海岸風。

可快速打造漢普頓渡假風的物品

1. 白色油漆、淺藍色油漆等。
2. 耐用的淺色牆面木板，漆成白色或淺藍色、淺藍綠色。
3. 舒適的淺色沙發，按漢普頓渡假風常見色搭配抱枕。
4. 質感厚實的亞麻沙發罩和座椅罩，花紋為白色搭配淺藍條紋等。
5. 白色透明紗質窗簾搭配白色或淺藍色亞麻窗簾。
6. 淺色寢具。

輕盈、飄逸、
透氣

厚實、遮陽、
私密性

普通座椅，秒變
漢普頓渡假風

顏色

色彩組合以中性且柔和的淺色自然色系為主，色調明亮素雅、優雅溫馨。多以大色塊出現在空間內，小色塊（配飾）顏色有整體感，易於整合。

主   輔

常用藍色、白色、米色、淺綠松石色、灰色、淺赭石色、米黃色、天藍色、土黃色等。

冷灰

暖灰

常見色彩搭配以白色為主、藍色為輔，以淺綠松石色等為點綴的中性色調的搭配；另一種小眾搭配以白色為主，以木色、淺棕色為輔，以藍色、淺棕紅色等小色塊點綴。

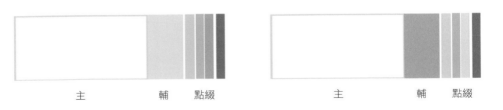

主   輔   點綴   主   輔   點綴

牆面以白色為主，若用彩色油漆刷牆，建議用藍灰色系，例如以下四種顏色的油漆。

材料與空間

渡假風在材料的選擇上，要求現代、簡潔、有質感。地板、牆面的材質以白色木材為主，常見條狀拼接木結構造型牆面。空間整體開放通透且明亮，常以軟裝家具做功能分區。

自然百搭的大面積原木色
用在此風格室內空間中，
不如白色效果好。

紋樣圖案

紋樣簡潔、清爽，常見波浪、條紋、藍色自然花朵紋樣等。

家具

家具選擇以簡潔為主,強調視覺舒適感。材料要求有質感、柔軟、溫馨,常選用白色、淺色,如下圖的沙發(舒適厚坐墊)。

座椅寬大、溫馨、舒適,顏色素雅

以白色木家具為主

布品寢具

漢普頓渡假風寢具布品溫馨浪漫、舒適清爽,是此風格的重點之一。布品顏色搭配宜選用中性色調。

白漆鐵藝床頭

白

淺色地板

飾品燈具

漢普頓渡假風宜選用鐵藝燈具、銅質燈具等,增加自然海岸氛圍。

可選擇細草編織物品、淺色藤編物品、玻璃製品、青花瓷花瓶、淺色掛畫等作為裝飾品。

藍色、藍綠色條紋相
間的毯子

木質窗戶加木質窗片，
增添自然及海邊氛圍

純手工草編地毯

漢普頓渡假風經典
搭配──鐵藝吊燈

海邊元素小物件

美式舒適大沙發，
淺薄荷綠色

大量白色處理

Tips

要點總結

1. 空間中大量使用白色，搭配藍綠色等灰色系色彩，清爽感十足。

2. 家具簡約舒適，有質感。

3. 空間內可少量捕捉到陽光曝曬、風化等歲月痕跡。

4. 可適當添加具有海岸特色的物品作為裝飾元素，如海星、貝殼、船錨、船槳、魚、衝浪板、麻繩等與海岸生活相關的物品。

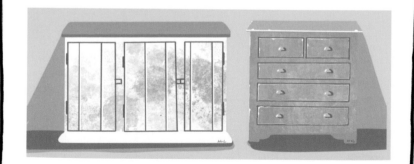

區別

地域區別：漢普頓渡假風起源於美國，地中海風起源於地中海沿岸國家。

顏色區別：主色調選擇區別較大，漢普頓渡假風偏愛藍綠等中性色，且色調淡雅清爽；地中海風色調更為濃重，常用對比撞色。

材料區別：地中海風多用原始石材、木材等；漢普頓渡假風多用現代質感材料。

漢普頓渡假風　　　　　　　　　　　　　地中海風

共同特點

1. 都屬於海岸風格，都帶有強烈海邊渡假的輕鬆氛圍，有很多共同裝飾品，如一些海洋生物圖案、海洋工具裝飾品等。
2. 雖然色調不同，但卻都基於藍色和白色這兩個基本色。
3. 空間上都喜歡開闊明亮，接近大自然。
4. 都是沿海地區人們嚮往自然所創造出來的產物。

躺在家裡享受海邊渡假氛圍

手作慢活風
Slow Deco

到位公式──舊家具、原木家具＋黑白灰色調搭配材料天然色彩＋ DIY 裝飾＋羊毛、棉、原木、藤、亞麻等原始材質

- 感受自我，低碳生活
- 空間有暖度，極致暖心
- 提倡健康環保
- 極強參與感

風格解析

慢裝飾（Slow Decoration）就是慢活（Slow Life）。手作慢活風是降低對生活中物欲的過度追求，只求適量。強調注重人本身，尊重並強調自然，注重實質而弱化包裝。將這種理念放在軟裝設計裡，就是強調空間本身需要的功能性，減少不必要、繁雜的裝飾，這一點與北歐風一致。但手作慢活風不強調設計造型且不修邊幅，而是更加強調DIY、耐用、持續性等。

DIY參與感

KEYWORD──慢活

工業化使人們都生活在瘋狂的快節奏下，導致壓力大、生活品質差，有些人沒有一分鐘是留給自己的，從而丟失了自我；還有很多人被物欲所困，生活丟失了純粹感、幸福感和滿足感。

人們開始意識到緩慢的生活節奏和低物欲的生活方式才是我們所追求的舒適，於是開始注重享受生活、簡化生活，崇尚慢消費和慢節奏。手作慢活風被認為是一個尋找自我、感受生活的過程。

風格特點

1. 此風格強調人，尊重自然，弱化裝飾，簡化消費。
2. 打造出一個樸素大方的空間，常出現原生態手作物，DIY裝飾是最好的營造方式。
3. 手作慢活風強調「慢」的態度與生活參與感，此風格擅於在軟裝上將簡陋的空間轉化為溫馨的家。如一個破舊感空間，工業風比較強調其原始工業感，但手作慢活風會將其轉化為暖暖的家，營造出享受生活的狀態。

營造方式

1. **少裝飾法**：選用材質天然素雅的裝飾，如原木家具、質地柔軟的布品、天然亞麻等。
2. **多裝飾法**：裝飾品是有原始天然感或有生活參與感的DIY製品。

簡單一兩枝植物（此處
為龜背芋）進行點綴

自製簡單毛線
編織裝飾掛件

淺暖色系寢具＋紫色
地毯，搭配出波西米
亞風的感覺

DIY 淺色藤編燈罩

手作慢活風搭配少許波西米亞風

顏色

利用材料本身的天然色彩，如白色、米色、粉色、淺灰色、深灰色、淺藍灰色、淺綠色等淺色系色彩。營造柔和輕鬆的空間氛圍。

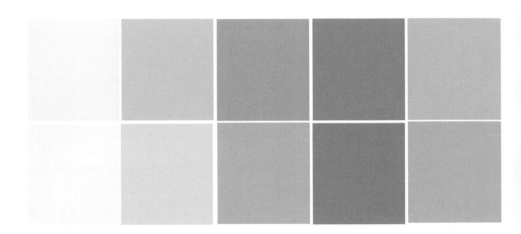

暖暖的色調也是手作慢活風的特色，清新、自然、柔和。常見搭配色如示意圖。

空間配色

材料

以柔軟的羊毛、棉、原木、天然纖維、藤、亞麻等原始材料為主，確定空間溫暖氛圍，再點綴適量的石頭、淺色金屬（鐵、銅、錫等）。

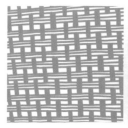   

北歐風家具,阿納 ·
雅克布森設計的蛋椅

淺色、簡單牆面處理

自製回收紙收納盒

現代＋慢活,搭配現代北歐風家具

深色舊木板改造
的茶几

自製簡約藤編燈罩

民族風地毯，波西米
亞風常用多色地毯

原始感（仿舊）
磚牆

波西米亞＋慢活，搭配自製或原始感家具

家具、裝飾品

家具與裝飾品是此風格的重點，可選用舊家具、原木家具、DIY簡約家具、DIY植物器皿、DIY舊物改造等。如舊木箱變成一個簡約茶几、紙做成燈罩、紙箱加麻繩做成儲物盒、舊門做成的大相框、啤酒蓋做成冰箱貼、厚紙板塗上喜歡的顏色作為掛飾、舊報紙或書籍做成牆飾、自製編織軟墊等。

DIY 儲物盒　　　　　　　　　　　　　　DIY 麻繩墊

寢具布品

簡單、素雅、純色、清新。

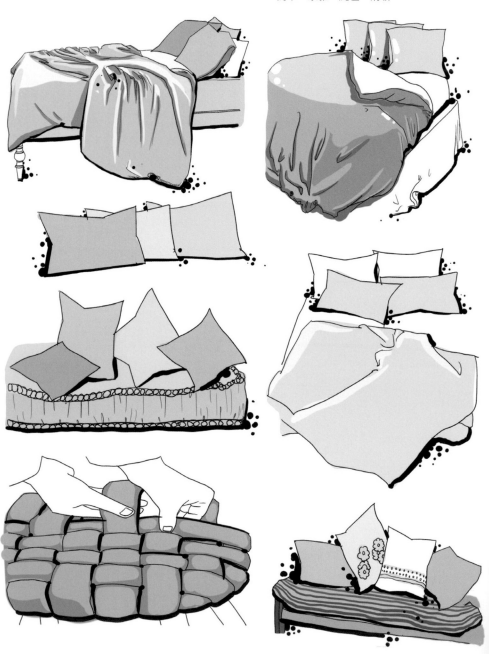

植物花藝

簡單的花器配上一兩枝花、一兩片葉或溫馨的暖色小花束。

餐具

常見原生態、粗糙的
手工製品，如土陶、
木質手作物。顏色以
米色、白色、淺灰
色、赭石色、土黃色
等淺暖灰色系的淨面
素色為主。

手作慢活風與極簡風對比

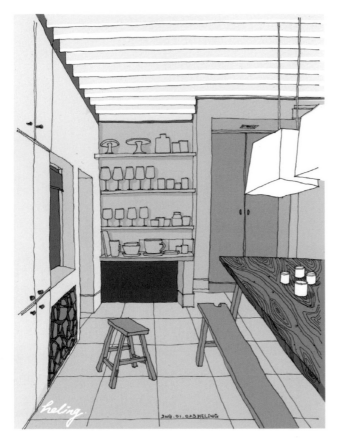

裝飾品

手作慢活風空間中常見溫暖、淺色調手作物等裝飾品；極簡風空間常出現極簡抽象藝術品或放棄裝飾品和非功能性物件。

空間

手作慢活風偏向於強調簡單、低物欲、樸實的生活方式；極簡風強調極致簡約感，更加注重空間的功能性，利用裝飾藏於線與面的原理來表現空間的簡單俐落感。

前頁的兩種風格同屬簡約風，慢活更強調態度，極簡更強調功能。手作慢活風關鍵並不是物品的多與少，而是強調參與感，注重空間的天然、溫馨、慢節奏。極簡風則傾向於物少則優，強調功能性的同時，最大程度上弱化裝飾。帶有極端克制主義特性，不具有功能性的物品不出現在空間內。

色調

手作慢活風偏愛素雅的暖色系；極簡風視覺上需要寬敞的空間效果，擺脫空間阻隔，常見黑白灰等基礎簡單色調。

Tips

1. 利用改造升級原則,將舊物循環利用變為實用物品,DIY 是此風格的重點。
2. 手作慢活風注重的是人與環境、人與生活的平衡,是崇尚低物欲的生活態度。
3. 空間常見手工縫製、編織、製作的物品,手作物的生氣與靈魂會賦予空間獨特的裝飾魅力。
4. 尊重自然,並將它引入室內,最大可能地引入自然光源。空間明亮,人造光選擇偏暖色調,增添溫馨氛圍。

歐式經典風
European Classic

到位公式 ——淺灰色調＋雕花牆面、天花線板＋歐式經典家具＋歐式吊燈及水晶玻璃吊燈＋金、銀器、精美瓷器、玻璃器皿＋天鵝絨、絲綢名貴布品

- 歷久不衰的美學典範
- 奢華雅致
- 極具裝飾精神
- 注重細節與質感

歐式經典風是指永恆、典範、歷久不衰的裝飾風格，是具有經典價值且具代表性的風格集合。它去除傳統裝飾的厚重感，保留奢華典雅氛圍、質感及工匠精神，進行設計再創作。它是傳統歐式裝飾文化的再生和延續，是簡化、現代化的歐式風格。

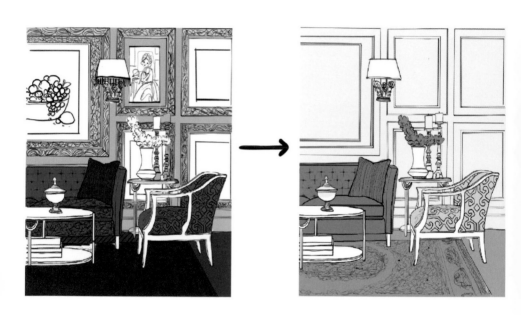

KEYWORD——歐式經典風

歐式經典風是一個集合體，它不屬於某個時期或某個國家。歐洲各國在歷史、人文、地域等因素影響下，出現了眾多經典風格，如巴洛克風格、洛可可風格、新古典風格、古斯塔夫風格、拿破崙三世風格、維多利亞風格等，這些都是歐式經典風的靈感來源。

- 化繁為簡，去除繁複雕花紋飾等，或將其簡化、抽象化
- 保留質感與雅致特點，注重材質搭配
- 顏色不追求濃墨重彩，更清新淡雅
- 使歐洲傳統裝飾美學更新，適用於現代人群

歐式經典風整體上尋求舒適與奢華的結合，裝飾細節考究，空間呈現「百花齊放」的熱鬧氛圍。歐式經典風不是靜止的，是永恆也是時尚的。

空間

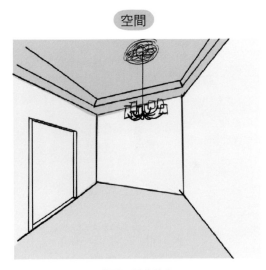

開闊、層高較高

氛圍

奢華、時尚，注重品質

造型

設計感十足，靈感源於歐式傳統裝飾美學

家具

簡化繁複雕花與紋路

靈感來源

巴洛克風格 Baroque

KEYWORD——奢華，色調偏暗沉，繁瑣誇張，嚴肅，恢宏大器

巴洛克風格是17～18世紀時歐洲盛行的藝術風格，運用對比、誇張的運動性和清晰可辨的細節以及深沉的色彩，在雕塑、繪畫、建築、文學、舞蹈和音樂等領域營造戲劇、繁瑣、恢宏的效果。該風格於1600年左右起源於義大利羅馬，隨後散布到歐洲大部分地區。

家具常選用名貴的材質，造型上使用多變的曲面、花樣繁多的裝飾，做大面積的雕刻、金箔貼面、描金塗漆等。

色彩較誇張豐富，對比較強烈，用較暗沉的色調來呈現空間莊嚴感。

氛圍上較其他風格更宏偉、生動、誇張、熱情。

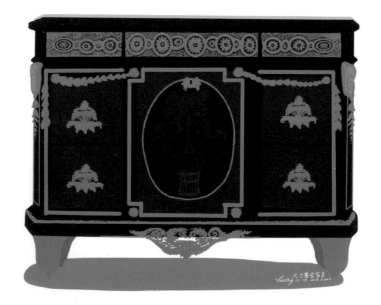

洛可可風格 Rococo

KEYWORD──**奢華，細膩，色調粉嫩輕快，浪漫，纖巧柔美**

洛可可風格起源於18世紀的法國，最初是為了反對宮廷的繁文縟節而興起。Rococo是法文Rocaille和coquilles（貝殼）合併而來，貝殼形是此風格的標誌性元素之一，洛可可風格最早出現在裝飾藝術和室內設計中，路易十五登基，給宮廷藝術家和藝術時尚帶來了變化，有著大量曲線和自然元素的洛可可風格取代巴洛克風格。相較於前期的巴洛克風格與後期的新古典風格，洛可可風格反映出當時享樂、奢華及愛欲交織的風氣，其中一些繪畫與裝飾作品也不乏異國風情。

洛可可風格追求纖細輕盈的美，在構圖上有意強調不對稱，喜用C形、S形和渦卷形曲線以及精細纖巧的雕刻，常用貝殼、漩渦、山石、草葉、薔薇等作為裝飾。色彩嬌艷明快，常見米白色、淺粉色、薄荷綠色、淺抹茶色等，線腳多用金色。
它比同時期其他風格更熱衷於設計精美的小物件，如餐具刀叉、首飾盒等。牆面紋樣等處理較輕鬆通透。

古斯塔夫風格 Gustavian

KEYWORD──低調奢華，線條感，雅致

古斯塔夫風格被認為是真正意義上的瑞典風格，它形成於瑞典的古斯塔夫國王時期，是將新古典主義的功能性昇華，增加舒適性的比例，將其繁複的工藝進行簡化後的產物。

古斯塔夫風格的特點是優雅、舒適、簡約、實用、色彩淡雅、材質自然，具有非常清晰的線條感並重視人體工學，嚴格把控尺寸與比例感，追求便於疊放的層疊式結構。瑞典的冬天陰暗而漫長，因而該風格的色彩和材質都以呈現出柔和感為主，以最大限度反射光線。家具常選用瑞典本國盛產的松木、白樺木等木材，粉飾純白色、奶油色、藍色油漆。桌椅腳常纖細並帶有凹槽，且有精緻的葉片雕刻、希臘圖案花樣等。

新古典風格 Neoclassicism

KEYWORD──**復興古樸，反浮誇，模仿，氣勢恢宏但低調不張揚**

新古典主義是一種新的復古運動，興起於18世紀的羅馬，一方面是對巴洛克和洛可可藝術的反動，另一方面是以重振古希臘、古羅馬藝術為信念（即反對華麗的裝飾，以簡樸風格為主）。

「形散神聚」是新古典主義的主要特點。它用現代的手法和材質還原古典氣質，具備古典和現代的雙重審美效果。家具樣式精煉，摒棄過於複雜的肌理和裝飾，簡化線條，注重裝飾效果，常用古典陳設品來增強歷史文脈感。壁紙是新古典主義裝飾風格中的重要裝飾材料，常具有經典卻更簡約的圖案、復古卻更時尚的色彩。白色、金色、黃色、暗紅色是新古典風格常見的主色調。

營造方式

1. 借用法

可利用傳統歐式風格的共性進行「模仿」和設計創作。共性包括：

a. 材料名貴、有質感，都呈現奢華繁複的氛圍；

b. 都屬於復古風格，保留一定的經典元素；

c. 視覺衝擊力和震撼力較強，空間物品帶有古典奢華氣場。該方法效果通常較復古，傳統歐式的奢華與繁複感較強。

2. 抽象法

對傳統歐式風格進行抽象簡化。加入現代、幾何元素等，設計出具有當代氣息的歐式經典風此方法效果較大器優雅且有現代感。

3. 象徵法

僅保留傳統歐式風格的氛圍與底蘊，以此為基礎設計來創作新空間。
該方法天馬行空、創作大膽，效果通常充滿藝術感和設計感。

線條

常見簡化版傳統雕花牆面、天花線板。

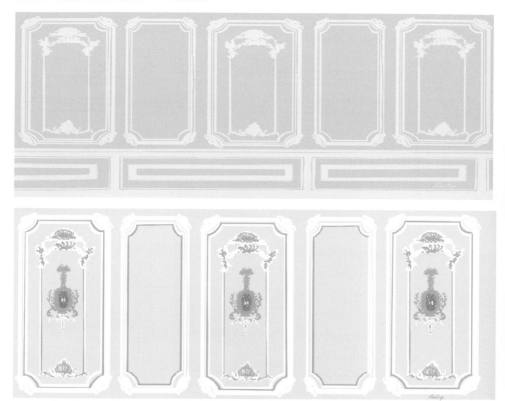

更簡化版無雕花線條。

線條簡潔，優雅簡約
的牆面處理

質樸的鄉村風家具搭配

簡化版吊燈搭配

顏色

歐式經典風色調搭配整體以優雅簡約為主，常見淺灰色調搭配。

傳統歐式經典風常用色調

洛可可風

巴洛克風

古斯塔夫風

新古典風

金器、銀器；精美的瓷器；精緻造型的玻璃器皿；精雕細琢的木器、陶器等。

花藝、植物

植物花卉對經典風格而言，是重要的存在，它們的重要
性在於強調空間的優雅感。在造型上，大器、雅致、誇
張，常見自帶富貴氣場的花品，如牡丹、蝴蝶蘭、紅玫
瑰、繡球花等。

常見花藝造型

常見簡化版傳統歐式吊燈及華麗的現代化水晶玻璃吊燈。

廳搭配幾何
化版大地毯

簡化花紋及雕花版
歐式經典家具

整體較華麗亮
眼的花束

適當添加復古
擺設物件

家具

家具呈現追求裝飾精神的特點，
常要求材料好、質感強。

1.家具沒有繁複的雕花;2.家具顏色較素雅,少花紋;3.沒有傳統歐式
風格鮮艷的印花、編織地毯;4.牆面、地板簡化處理。

布品紋樣

對傳統歐式經典風的繁複圖案進行簡化、幾何化等。

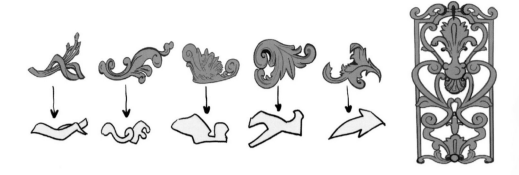

保留材質高雅、質感高尚等特徵。色調柔和，去掉繁複圖案。

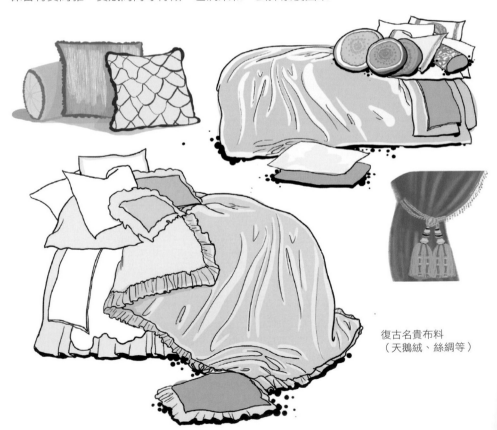

復古名貴布料
（天鵝絨、絲綢等）

Tips

要點總結

1. 歐式經典風是各時期傳統歐式風格的新生。保留傳統的底蘊和精神，將現代設計感融入其中，創造新的、較現代的經典空間。
2. 顏色高尚淡雅，追求上等材質與質感，低調奢華。
3. 歐式經典風是自由設計理念較強的風格。

傳統花紋地毯，色調由大紅色改為淺粉色

自帶華麗氣質的花束

傳統花紋幾何化、椅型設計簡潔化後的家具搭配

北歐風
Scandinavian

到位公式 ——大量木材＋白、灰、原木、淺木色為
大色塊，以黑色、鮮艷色點綴＋北歐設計家具、燈具
＋素色、造型簡潔花器＋幾何條紋抱枕、窗簾、掛毯

- hygge、cozy，極度溫暖
- 天然、原生態氣息強
- 光線感十足
- 實用美學設計

北歐風起源於斯堪地納維亞地區，20世紀五〇年代和六〇年代是鼎盛時期，21世紀它又重新被重視。其設計簡潔時尚，自然質樸，強調功能性、實用性。設計自主化、大眾化是此風格追求的核心理念。它不只是實用的家居軟裝風格，更是一種生活態度與生活方式，是北歐人崇尚生活、敬畏自然的結晶。

它將舒適與簡約設計完美結合，是不以裝飾為目的的一種hygge氛圍的空間營造方式。

註：「hygge」一詞源於挪威，出現於中世紀的丹麥，是指一種心情好、舒適安逸、溫暖親切的氛圍與狀態，是積極、充滿正能量的詞。

發展歷程

北歐風以其發源地命名，斯堪地納維亞國家包括北歐五國，即丹麥、瑞典、芬蘭、挪威和冰島，因而現在我們常稱之為北歐風。

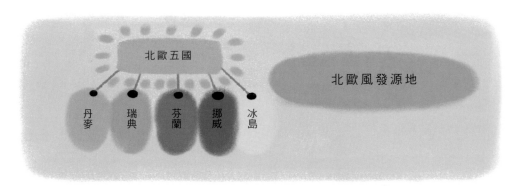

早在1930年的斯德哥爾摩博覽會上，斯堪地納維亞設計就將德國嚴謹的功能主義與本土手工藝傳統中的人文主義融合在一起。1939年的紐約國際博覽會上，確立了「瑞典現代風」作為一種國際性設計概念的地位。在20世紀五〇年代，它產生了一次新的飛躍，其樸素而有機的形態、自然的色彩及質感在國際上大受歡迎。在1954年米蘭國際設計展覽中，它展示出全新面貌，參展國家瑞典、丹麥、芬蘭和挪威都獲得了很大的成功。

整體化出現

五〇年代，大師雲集

戰後的斯堪地納維亞國家合作，造就了名為「斯堪地納維亞設計」的展覽。此展覽1954～1957年在北美22個城市的主要博物館巡迴展出，使「斯堪地納維亞設計」的形象在國際間廣為流行，「北歐風」逐漸成為國際公認的設計風格。儘管它在六〇年代到八〇年代間普及率下降，但也為20世紀九〇年代末和21世紀初的重新被重視注入了一股新鮮感，如今它又重拾輝煌。

發展背景

自然因素

斯堪地納維亞地區大部分屬於溫帶大陸性氣候，冰島、挪威屬於寒帶氣候，冬季漫長寒冷。自然氣候惡劣的地方，人們往往對自然更敬畏尊重，集體意識也更為強烈。

漫長且寒冷的冬季，讓他們急需讓自己的家變成一個溫暖舒適的小窩，從而暫時忘掉室外的寒冷。自然對北歐的最大饋贈呈現在林地覆蓋率高，這為北歐家具的大量生產提供了材料基礎。

社會歷史因素

19世紀末20世紀初是動盪的年代，在工業革命的影響下，呈現出現代風以各種不同形式出現的鼎盛局面，且多種風格間相互影響。其中斯堪地納維亞設計風格受到以崇尚自然形式著稱的新藝術風格等影響較大。

長久以來，精美絕倫、奢華精緻的室內陳設與裝飾一直都只為富人服務。而一戰爆發後，關注社會問題也成了藝術的一部分。設計界想要扭轉舊時固有的裝飾藝術設計只服務於上層社會的傳統觀念，提倡讓大眾能負擔得起的民主設計概念，讓設計更大眾化、親民化。工業化帶來的設計民主性為北歐風的普及提供了必要條件，大眾實用美學成為現實。

寒冷的北歐卻孕育出最暖的設計風格

KEYWORD——自然光、開放、舒適、簡約、木質、白色

北歐風在空間處理方面,強調營造明亮開放的空間,不使用過多空間切割性的裝飾元素,避免掉入世俗的大色彩或者陰沉的氛圍中,最大限度引入自然光,讓房間盡可能沐浴在自然光線下。

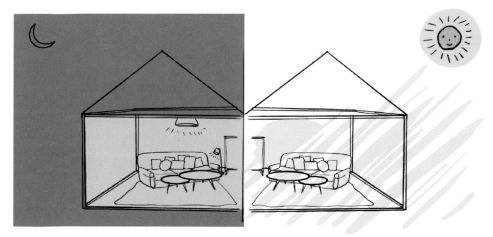

保持室內空間光線充足,多以軟裝做分區

家具和物品線條簡潔,沒有詭異或繁複的外觀形式感,設計靈感多源於自然。尊重人體工學,注重舒適性和實用性是北歐風設計中無處不在的概念。

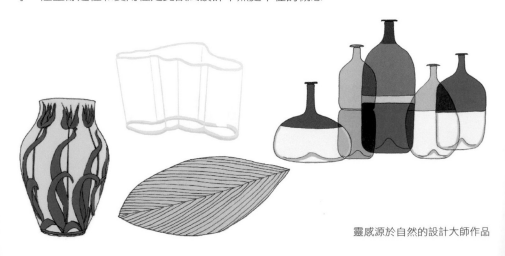

靈感源於自然的設計大師作品

木材是北歐風的靈魂，能營造出自然、溫暖、輕鬆的氛圍。淺色木材是北歐風首選，它不僅用於家具，也用於地板、裝飾品等。這些木材基本上都使用未經精細加工的原木，保留了木材的原始色彩和質感。

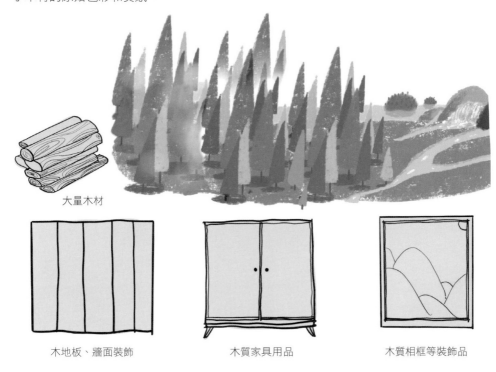

大量木材

木地板、牆面裝飾　　　　　　　木質家具用品　　　　　　　木質相框等裝飾品

北歐風傾向於營造樸素、柔和的色調，在居家色彩的選擇上偏向淺色調，如白色、米色、淺木色等。白色在北歐風中無處不在，它能最好地捕捉光線，讓空間氣氛明亮而開闊。

白色、木材、溫暖

材料

木材是斯堪地納維亞設計風格的靈魂,常選用平價的淺色木材,如松木、杉木、橡木、樺木、山毛櫸等。淺色木材的家具、地板與白色背景形成柔和對比。木材與柔軟溫暖、色調明亮的材料相結合,如充滿自然感的羊毛、棉麻、動物皮革和毛皮等,天然原始質感是用材宗旨。

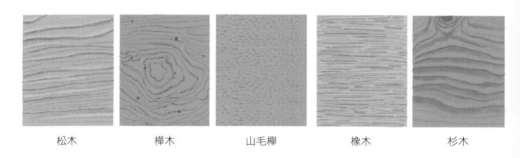

| 松木 | 樺木 | 山毛櫸 | 橡木 | 杉木 |

植物

此風格空間整體簡潔、質樸,綠植花藝能豐富空間色彩,增添生氣,契合北歐家居追求自然的理念。不喜過於花俏誇張的植物花藝擺設,形態簡潔自然更佳。

素色、造型簡潔的花器是關鍵。可選用鐵藝、鋼製、水泥、陶土、麻布、編織等材質。

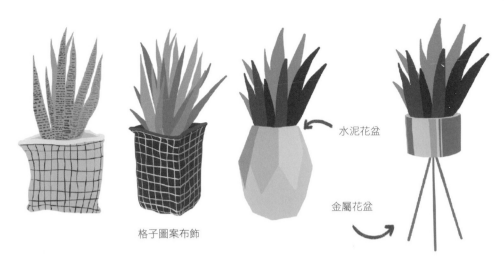

水泥花盆

格子圖案布飾

金屬花盆

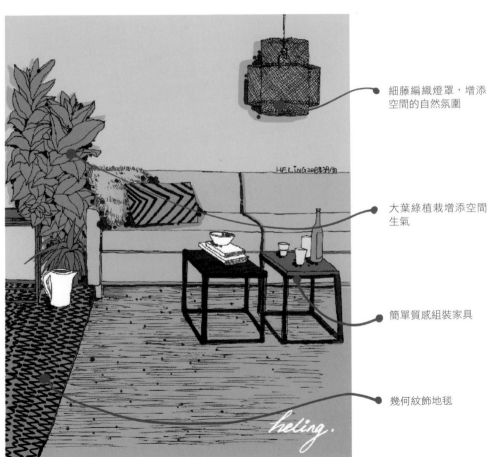

細藤編織燈罩，增添
空間的自然氛圍

大葉綠植栽增添空間
生氣

簡單質感組裝家具

幾何紋飾地毯

家具

北歐風家具是工業設計史上濃墨重彩的一筆，也是北歐風的主要元素和精華。它們造型簡潔、自然流暢、做工考究，保留材質原色，具有多功能、可拆裝折疊等特點，完美呈現自然美學與功能實用主義的結合，締造出無數家具設計大師。隨著古典元素的減少，家具配色也越來越簡潔。

既有設計感、價格又親民的北歐風家具，滿足人們隨著社會發展而日漸提高的審美觀，也兼顧年輕人初入社會沒有雄厚經濟基礎的現實狀況，成為年輕人的首選。

20世紀五〇、六〇年代，斯堪地納維亞地區設計大師雲集，經典作品至今依舊暢銷。

阿爾瓦‧阿爾托
Alvar Aalto 1898～1976

1 懸挑椅

2 舒適椅

3 artek 扶手椅

4 artek1-91 設計桌

5 artek2- 服務小車 601

6 artekE60/606 凳

7 artek65 椅

8 Paimio 薩伏依花瓶
（Savoy Vase）

1 Cylinda 壺具　2 蟻椅　3 7號椅　4 蛋椅
5 AJ 燈　6 水滴椅　7 天鵝椅　8 牛津椅

阿納·雅克布森
Arne Jacobsen 1902～1971

自由組合家具

顏色

北歐風顏色統一性高、無雜亂感，常見簡潔、溫暖、明亮的色調。此風格中當仁不讓的顏色主角是白色，它能使空間氣氛明亮而開闊。但大面積的白色難免單調，為了打破白色的單一性，可添加能夠帶來舒適氛圍的色彩，如採用大色塊與小色塊的處理方式。大色塊以淺色系或者中性色調為主，如灰色、米色、淺粉色、杏仁綠色，薄荷綠色等。小色塊選色較為寬泛，用鮮明的顏色進行點綴，使空間氛圍更活潑，用暗色來提升空間的功能感和沉穩感。

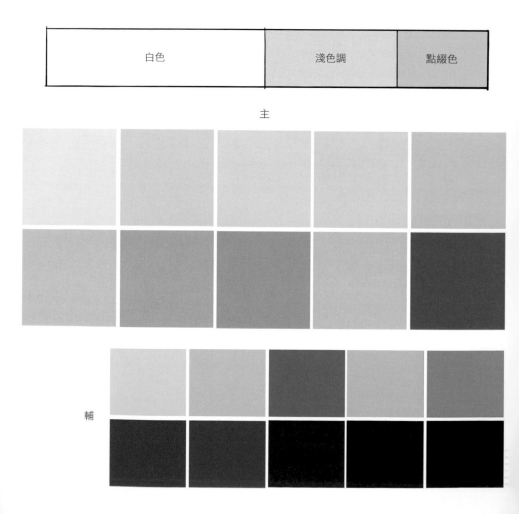

布品、紋飾

北歐風的布品色彩常見中性自然色調或暖色調,常用質樸且有自然氛圍的棉麻、羊毛、毛皮等天然柔和質地的材料。紋飾上常見黑白灰、淺色調的幾何形、自然形圖案。

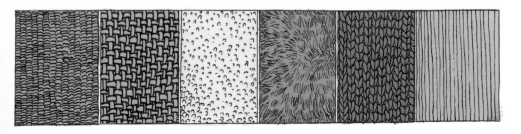

寝具、抱枕、窗簾、掛毯等常見「簡單純真」
且清爽的圖案和幾何形設計，如條紋，人字
紋，自然感樹葉、樹木，三角形等。

原木木板裝飾牆 　　　長毛羊毛毯 　　　草編儲物籃 　　　暖暖的乾燥花，
　　　　　　　　　　　　　　　　　　　　　　　　　　　　　　　　此處為棉花

簡約且帶有工
業感的燈具

室內空間光線
充足，大量白
色增加明亮感

幾何花紋深色耐髒地毯

編織儲物籃隨處可見

La simplicité nordique.
HELING
2016. 11. 13
à paris.

自然系 3D 壁紙，
仿森林感

原木床頭板，
呼應原始感

棉麻、毛線等布藝，
增添天然感

燈具

北歐風整體氛圍簡約大器，不宜選擇過於繁複、華麗的燈具，常見造型自然、設計簡潔的時尚單品。工業感強的燈具也能與北歐風的精簡氛圍融合，此風格設計大師層出不窮，經典作品選擇多。

保爾・漢寧森同名 PH 系列
燈具（❶〜❺）

保爾・漢寧森
Poul Henningsen 1894〜1967

以藍灰色調為主

以黃灰色調為主

以冷＋暖淺灰色調搭配

要點總結

1. 永遠不假裝綠色，而是百分百尊重天然。
2. 漫長的冬季和夜晚讓北歐人渴望光線，將大量光線引入室內是北歐風的典型特點之一。
3. 北歐風是極度溫暖的風格而非冰冷風格。
4. 少圖案與紋樣，用軟裝、線條、色塊來區分和點綴空間。
5. 使用白色、灰色、原木色、淺木色等作為大色塊，黑色、鮮艷色彩作為小色塊點綴，總體氛圍溫馨。
6. 美學與功能主義結合。

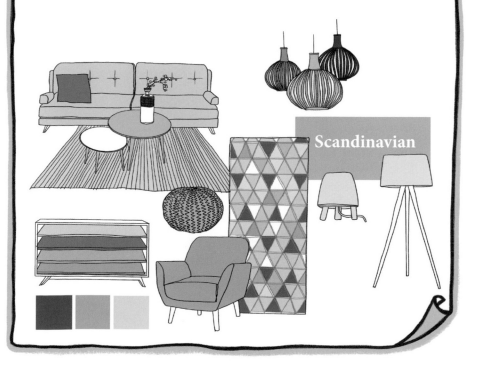

Scandinavian

裝飾藝術風
Art Déco

到位公式 ——金色、黑色、香檳色為經典配色＋簡潔線條、具設計感的幾何圖紋＋ Art Déco 燈具＋輕盈金屬感家具＋掛鏡、金、銀、銅、水晶等華麗裝飾

- 誕生在香檳中的風格
- 奢華時尚，紙醉金迷
- 衝突美，多元化
- 現代藝術與復古元素結合

2019.01.29 HELINGA

裝飾藝術風（Art Déco）得名於1925年在巴黎舉辦的裝飾藝術與現代工業國際博覽會（Exposition Internationale des Arts Décoratifset Industriels Modernes），Art Déco是法文名稱Arts Décoratifs的縮寫。裝飾藝術風最早出現於巴黎和布魯塞爾，是20世紀二〇～三〇年代的流行風格，以富麗和新奇的現代感著稱。

Paris
巴黎

Brussels
布魯塞爾

KEYWORD——裝飾藝術風

裝飾藝術風不是單一的風格，而是多種風格的結合體，是兩次世界大戰之間的裝飾藝術潮流的總稱。影響廣泛，包含了各個領域，如建築、室內設計、珠寶、汽車、服裝、雕塑、繪畫、陶瓷、櫥窗、彩色玻璃、書籍裝幀等。裝飾藝術風重裝飾，保留傳統工藝的同時又充滿現代設計觀念。

villa E-102J

建築　服裝　汽車
珠寶　　　　　包裝
繪畫　ART DÉCO　室內
等等　　　　　雕塑
　　陶瓷
影響廣泛

裝飾藝術風誕生於第一次世界大戰後的大蕭條時期，在戰後沉重的大黑暗背景下，人們極度渴望輕盈與優雅，各個領域都在尋求解藥和精神寄託。裝飾藝術風的出現，某種意義上也是這一時期人們渴望美好寄託的真實縮影。就如作家費茲傑羅（Fitzgerald）所說，這是一個和平再現的年代，而這個風格誕生於再生的和平年代的香檳中。

裝飾藝術運動給人一種戰後黎明曙光的錯覺與假象，是人們在大黑暗時期對美好的寄託。裝飾藝術風可能不僅僅是一種風格，而是我們在對待各個領域作品的包容性的思想和態度。誕生於和平再生年代的裝飾藝術風，它的輝煌隨著第二次世界大戰的爆發而結束。

隨著戰爭的爆發衰落

營造奢華氛圍

裝飾藝術風繼承並維護了長期以來為貴族、資產階級服務的傳統觀念，其對象依舊是上層階級。設計師主要是面向上流社會人士並受其贊助才得以完成流傳於世的經典作品，所以他們常使用昂貴且稀有的設計材料，既保留一定的傳統工藝，滿足貴族階級傳統的審美要求，同時又添加許多現代與異國情調元素，來滿足貴族階層的獵奇心理。這種傳統影響至今，裝飾藝術風如今依舊具有奢華雅致、時尚潮流等特徵。

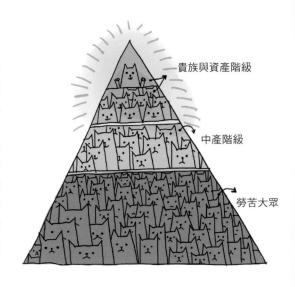

貴族與資產階級

中產階級

勞苦大眾

2013年，翻拍自費茲傑羅同名小說的電影《大亨小傳》上映。影片中大量的機械幾何造型、華麗的裝飾線條與鮮明的色彩對比及奢華無比的氛圍，給人強烈的視覺衝擊，充分展現了裝飾藝術風的特點，也讓這一曾經風靡世界的設計風格重新受到矚目，颳起一陣Art Déco復古風。

折衷性：重裝飾的裝飾藝術風保留傳統工藝奢華感的同時，又充滿現代概念的折衷設計觀念。

包容性：文化、藝術上多元化吸收，它受新藝術風格的直接影響，並與當下的立體主義、現代主義等進行有機結合，發展了自己的風格特點，與此同時，它也深受立體派大膽的幾何形式影響。野獸派和俄派芭蕾、路易·菲利普和路易十六時代的家具工藝、東方漆藝、舞台藝術、美國爵士樂等都影響了這個新興的風格。

立體主義、現代主義、未來主義、俄國芭蕾、維也納製造工廠、非洲和埃及等自我意識的「純樸」藝術、女性特性的形狀、現代材料、現代技術、新藝術運動等

ART DÉCO

繁重長髮 → 輕盈短髮

傳統束腰 → 直筒裙

美國爵士樂

舞台藝術

1

2

國際性：它涉及的領域廣泛，從各領域打破單一、固有的設計特點，如服裝一改曾經的束腰造型和緊身胸衣，支點由腰部改為肩部，顏色變得簡單純粹，常見金屬色系、香檳色等，代表建築有克萊斯勒大廈（圖1）、上海國際飯店（圖2）等。工業化的進步、新型建築材料與汽車的製造都是裝飾藝術風不可忽略的發展條件。

KEYWORD——**豪華舒適，
高貴典雅，時尚設計感，衝
突美，幾何感**

1. 裝飾藝術風氛圍奢華、雅
致、現代，依舊保持裝飾藝術
興起時的特質——滿足時尚潮
流感與異國風情的獵奇感，常
被稱為紙醉金迷的藝術。

《大亨小傳》電影場景手繪圖

2. 造型上以線性、幾何、對稱為主要特點，有著工業化色彩的硬朗直線、大量的基礎幾何圖形。線條簡潔，沒有過多複雜的曲線。

3. 色彩搭配上常見簡單純粹的色彩或強烈的對比色彩，甚至呈現原始野蠻的強烈視覺刺激對比色（受非洲文化影響），如金與黑。

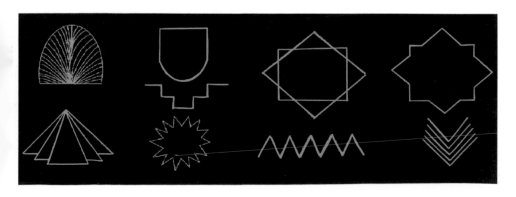

材料

以奢侈昂貴的材料著稱，如美洲斑紋木、巴西黃檀木、非洲烏木、象牙、青銅、石英、水晶、玻璃等。金屬材料也被廣泛使用，如黃銅、鋼、銀、鍍鉻、鍍金等。

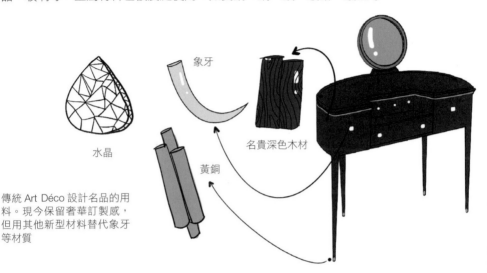

象牙

水晶

黃銅

名貴深色木材

傳統 Art Déco 設計名品的用料。現今保留奢華訂製感，但用其他新型材料替代象牙等材質

紋樣線條

設計感十足的幾何形花紋，極具機械線條美感和裝飾效果，是裝飾藝術風的特色之一。標誌性的圖案包括：太陽光線放射線形、三角形、階梯狀折射形、金字塔形、扇形、圓形、弧形、閃電形、箭頭形、星形、V形等。裝飾藝術風中也保留了一些新藝術風格的感性自然線條，如花草紋、動物紋（斑馬紋、鯊魚紋、豹紋），以及一些異國風情的圖案，如東方文化圖案、埃及與馬雅等古老文化的圖騰等。

繁複的古典圖案簡化為現代幾何圖案

顏色

裝飾藝術風常用的主色為金色、黑色、香檳色等。傳統的輔助色傾向於色彩對比，常選用強烈的原色（鮮紅色、明黃色、粉色、亮藍色、橘色、綠色等）及工業感金屬色系（銀色、古銅色等），整體具有較強的視覺刺激感，常被稱為輕奢風格。

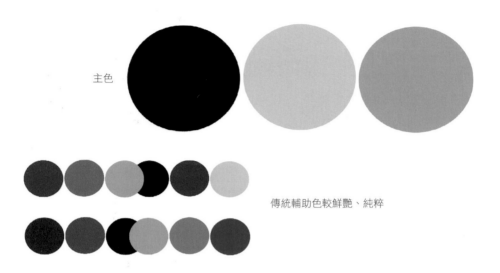

主色

傳統輔助色較鮮艷、純粹

現在流行的裝飾藝術風的輔助色相對較淡雅、時尚

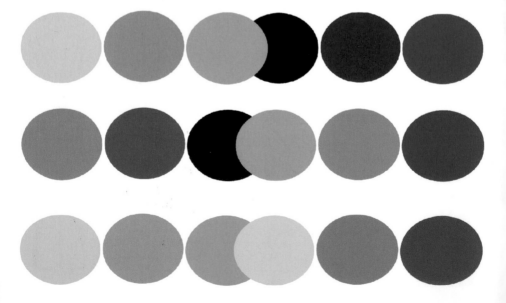

1

金色＋綠色

金色＋粉色

金色＋藍色

植物

花朵奢華浮誇、造型延展誇張，整體顏色偏素
雅。常選用蝴蝶蘭、石斛蘭、大花蕙蘭、洋牡
丹、繡球、玫瑰等具有華麗氣質的花材。

電影《大亨小傳》中造型誇張、氛圍奢華的經典花藝場景。

淺色繡球花增添空間素雅感

常見華麗、誇張造型

傳統Art Déco燈具

1.金、銀、銅、水晶等材質。
2.工業幾何形、線條硬朗。
3.造型較笨重。
4.氛圍奢華。

現代流行Art Déco燈具

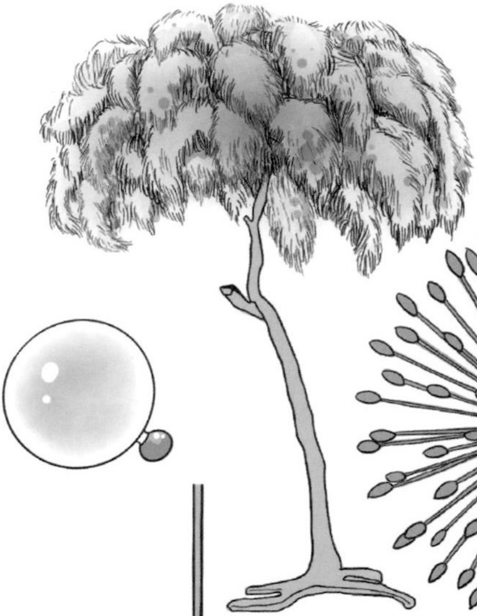
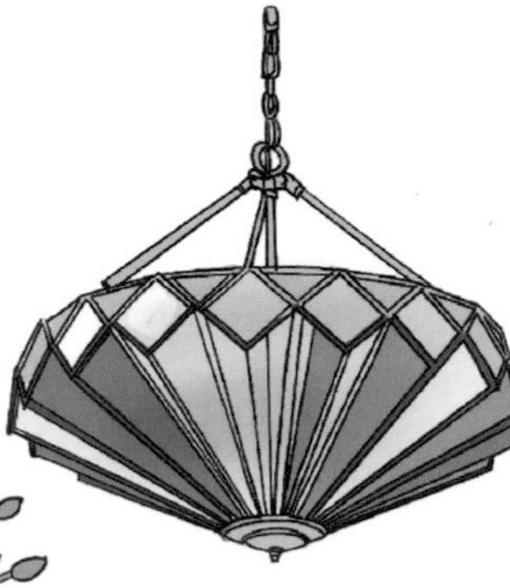
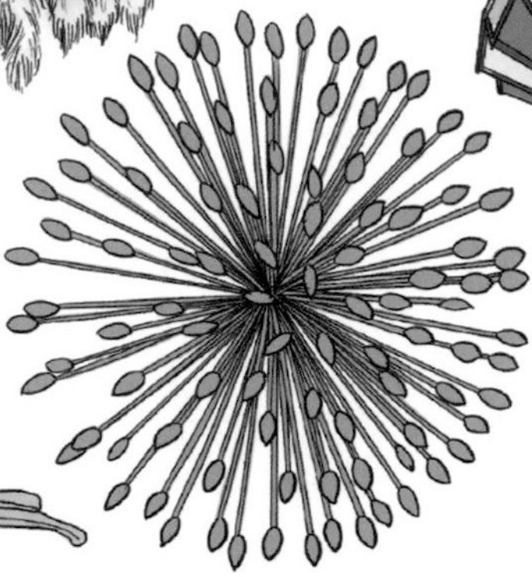
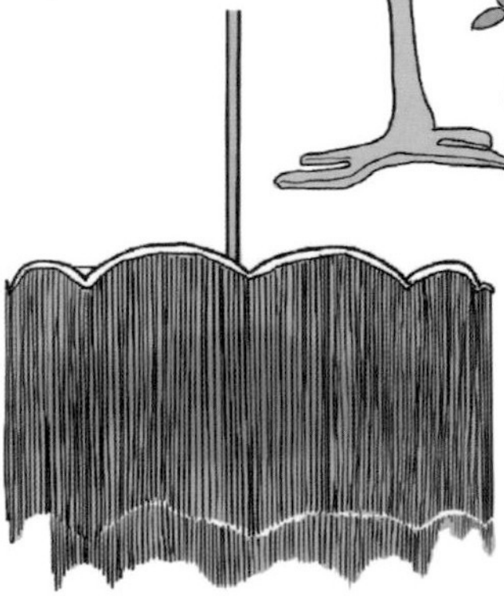
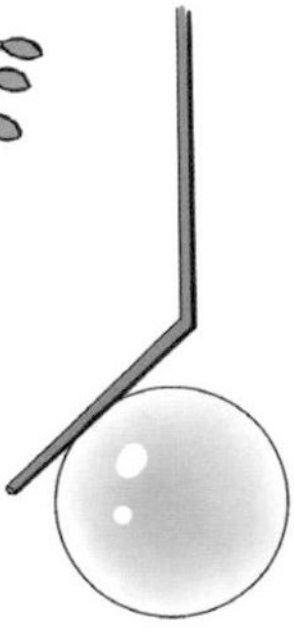
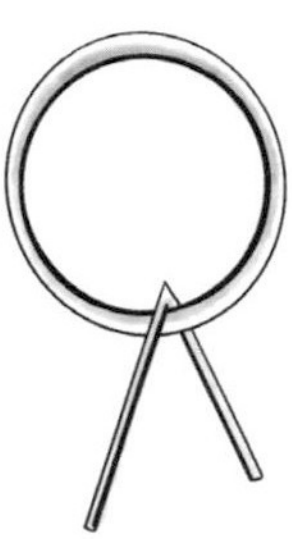
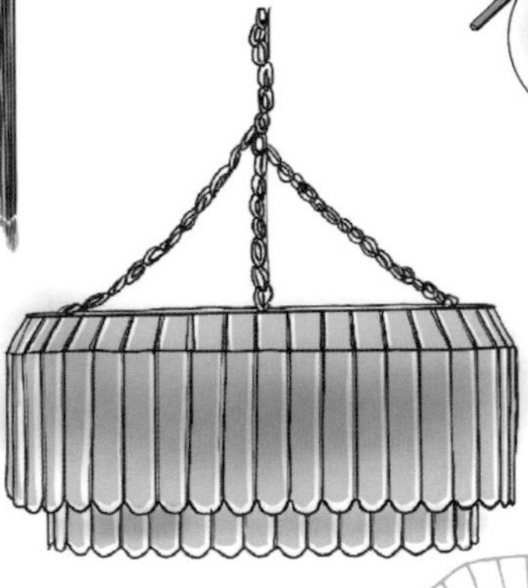

氛圍一致，材料多樣，設計更新穎，造型更豐富，更輕盈靈動

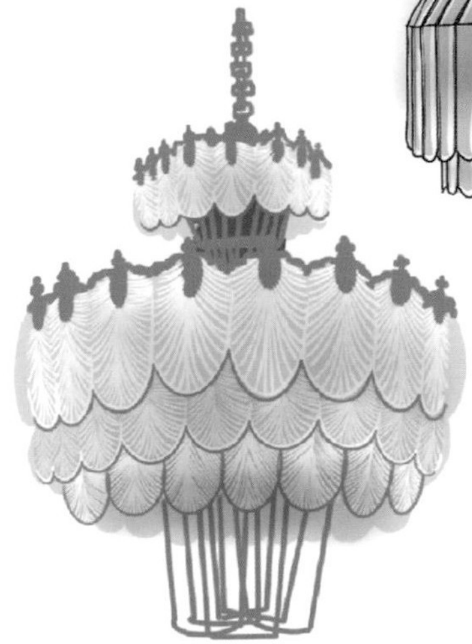
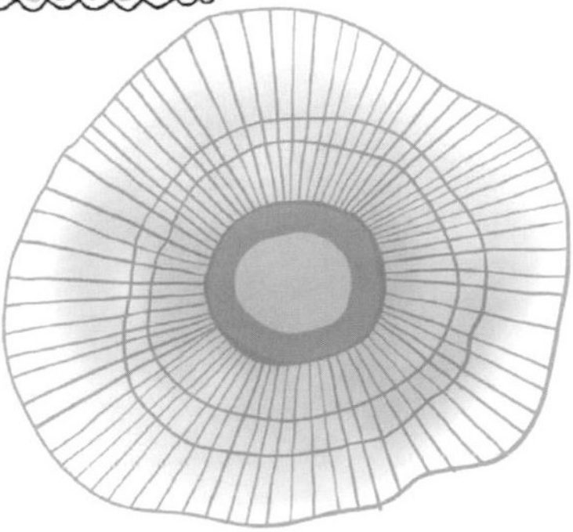

家具

裝飾藝術風家具注重舒適性、奢華性的同時，更重視造型的簡潔性，表面光滑度提高，東方漆藝在家具中被廣泛運用。家具的形式受到傳統家具以及新藝術風格的影響，常出現曲線；受到立體主義、現代主義影響，常出現簡潔的幾何造型。有時甚至會運用到路易十六時期的傳統形式家具，結合現代或者立體藝術設計，簡化其裝飾形式，形成新的裝飾效果。

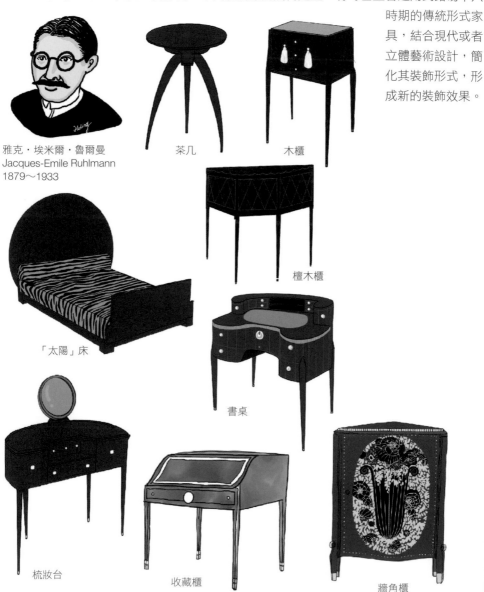

雅克・埃米爾・魯爾曼
Jacques-Emile Ruhlmann
1879～1933

茶几

木櫃

檀木櫃

「太陽」床

書桌

梳妝台

收藏櫃

牆角櫃

讓‧杜南
Jean Dunand 1877～1942

圈形屏風

裝飾藝術風的家具具有獨特性。由於此風格針對的客戶群依舊是上層階級，受長期以來的審美影響，大部分顧客眼光也保留著一定的傳統特性，加上富裕階層普遍存在的獵奇心態，家具製造商及設計師為滿足客戶需求，往往會尋求打造奢華精緻、獨一無二的家具，製造出大量個性化的設計單品。

櫥櫃

猴圖屏風

艾琳‧格雷
Eileen Gray 1878～1976

羅克布倫椅

E-1027 可調式邊几

洛塔沙發

必比登扶手椅

Roattiao
落地燈

顏色鮮艷、造型較笨重

造型更現代、輕盈

餐具

選擇餐具時，在功能主義的基礎之上，更注重形式美學與創新。其餐具多是華麗外形與現代感十足的花紋相結合。

布品

圖案方面，利用新潮的現代主義與立體主義的幾何紋樣來呈現奢華繁複的特點；材質方面，偏愛帶有異國風情的材料或者具有反光特性的絲綢、天鵝絨、動物皮革等材料。

常見牆面掛鏡
裝飾圖案

經典裝飾藝術
風紋飾布品

現在流行的裝飾藝術風
常見輕盈金屬感家具

裝飾藝術風經典直條紋
水晶玻璃器皿

經典裝飾藝術風
幾何裝飾

造型簡潔大器但設計感
及質感十足的金色燈具

裝飾藝術風淺糖
果色系搭配

要點總結

1. 常見簡潔切割式線條，對稱、重複的幾何圖案。
2. 氛圍低調、奢華、雅致，故對材料質感較考究。
3. 金色、黑色、香檳色是其經典配色。
4. 常用家具、燈具、幾何壁紙或布品等強調此風格特點。
5. 裝飾藝術風涉及面廣泛，靈感來源豐富（裝飾藝術運動）。

日式風
Japanese Aesthetics

到位公式 ——自然色調，全屋保持和諧一致色調
＋簡潔設計家具＋日本手工地毯、榻榻米＋日式
燈具＋紙窗、格柵＋日式花道

- 清醒，簡潔，靜
- 自然，和諧，哲學
- 「空」概念
- 「禪」的藝術

日式風是集日本傳統美學、日本禪宗文化等多種形式的設計美學於一身的藝術風格。日式風是多元化的，它吸收了來自世界各地的文化和美學，將它們用自己的方式糅合並提煉簡化，成為溫和而極致的美。它具有清醒、簡約、純淨、和諧等多種特點，彷彿全世界人都能在此找到某些共性，卻又是獨立、獨特的美學存在。

日式風的室內，空間空曠、線條感十足，視覺上簡潔甚至「空」，但極重視功能性、便捷性。表面空空卻細節滿滿，尊重自然，回歸生活。

KEYWORD——日式美學

日本禪宗文化是日式美學的重要組成部分,主張將「空」美學擴張到非文字藝術領域,使用繪畫、插花、茶道、禪宗花園設計等藝術形式來抒發經歷和思想之美。日本傳統美學與禪宗美學融合,形成為和諧生活而做的日式美學,描繪出寧靜、沉思、正念、簡單的畫面,由此產生大量的藝術作品,並成為日本的文化性標誌。

用雙梅正野的話來總結禪宗與傳統文化在日本設計及美學中的作用:「幾十年來,日本人樹立了獨立且獨特的世界觀和價值觀,以欣賞和讚美自然現象中的每一個變化的微妙瞬間。他們沒有堅持永久不變的形式或固有的形態,而是珍惜無形且瞬息萬變的氣氛,這些氣氛讓人被擁抱和籠罩在無限短暫的自然美景中。禪宗在將傳統的日本價值觀提升為具體的藝術與美學形式方面發揮了決定性的作用。」

註:禪宗又稱佛心宗、宗門,於鎌倉時代自中國傳入,獲得鎌倉幕府支持並迅速發展,形成日本歷史上最重要的佛教禪宗系統。

設計要素

靈感來源

1. 日式禪宗。是以「空、無」理論為依據的減法美學，同時代表無限潛力的來源。「空」美學，是日式禪宗的核心宗旨，也被稱為「零」概念。

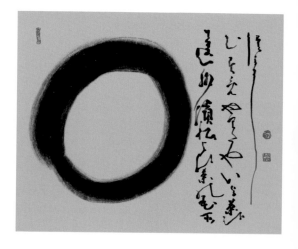

日式空間（如神廟、茶室等）常空空如也，設計簡單樸實，給思想留下無限想象空間。

「空」是理解與融合多種事物、風格及形式後，最終呈現出的效果，既多元又獨具特色。

放大　　　　　　　　　　　再放大　　　　　　　　　　　無限放大

256

2. 日本傳統美學。侘寂（wabi-sabi）是日本傳統美學的主要審美觀之一，強調殘缺的美。侘寂的特徵包括不對稱、粗糙或不規則、簡單、經濟、低調，親密和展現自然的完整性。

侘寂主張以平靜的心境接受不完美與變化無常。它承認並接受三個客觀事實：沒有什麼是常存的，沒有什麼是完成的，沒有什麼是完美的。如果我們僅僅根據「完美」的價值觀評價生活，易讓人感到不舒適或痛苦。

侘寂主張我們應該去接受那些「不確定性」與「不完美」，盡可能地尊重自然、親近自然。融入大自然，忘掉痛苦或沮喪，發現更多因不確定而產生的美麗和豐盈。

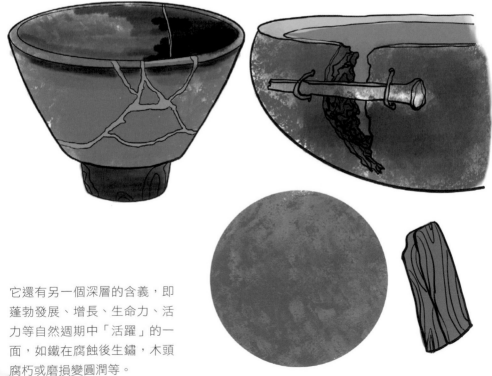

它還有另一個深層的含義，即蓬勃發展、增長、生命力、活力等自然週期中「活躍」的一面，如鐵在腐蝕後生鏽，木頭腐朽或磨損變圓潤等。

顏色

日式風顏色淡雅、自然、原始。常見純木色、大地色、白色、灰色、沙粒黃色等。顏色是為了營造出一個讓人放鬆、自我感知的氛圍。所以顏色搭配上不需要強烈對比，而是以柔和的過渡與和諧為目的。

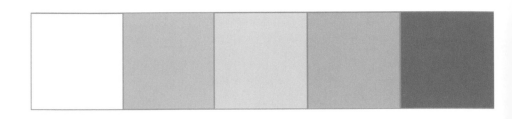

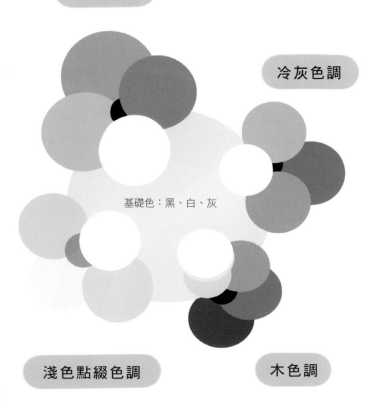

暖灰色調

冷灰色調

基礎色：黑、白、灰

淺色點綴色調

木色調

日本人把浮華的藻飾以及鮮艷的色彩歸為低俗，認為贅述無需思考，且毫無創意可言。超越濃墨重彩與繁複的裝飾，返璞歸真，簡單得體，這才是美的最高境界，正所謂簡單就是美。少用色——有節制、優雅地用色，畫面會更清爽，更美。——《侘寂》（Wabi-Sabi Style）

材料

強調材料的天然性,空間存在大量原色木材。常用沙粒、石頭、竹、藤、土等天然材料,與室外大自然完美融合。

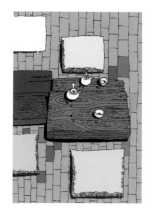

線條空間

日式風專注於融入自然,設計規則遵循自然的特性,簡化為不對稱的線條。日式風提倡接觸自然、不遠離地面,空間通透開放,但高度較低。

花藝

日本花道與日本茶道、日本香道並稱為日本三大古典藝術。日本花道流派眾多，代表流派有池坊、小原流、草月流等，花道大師更是不勝枚舉，如勒使河原蒼風、中村草山、川瀨敏郎等。

1. **池坊**：已有五百多年歷史，是日本最古老的插花流派。它恪守日本插花藝術傳統，以「立花」為主。它的插花構圖著眼在線條的構成，講究線條美。

2. **小原流**：表現手法以「盛花」為主，即把花「盛」於淺水盤中，表現出面的擴展。

3. **草月流**：著意於使插花藝術與當下實際生活結合，以反映新生活為主，崇尚自然，各類花材與表現手法兼收並蓄。在花材的使用方面，除了鮮花外，還配以乾燥、染色、枯萎的植物，甚至剝了皮的樹頭等，常以此表現一個變化多端、五彩繽紛的世界，所強調的美是誇張且富於想象。它不是簡單的模擬自然，而是追求自然中所難尋的美。

園藝

日式風空間常見微縮枯山水。打造方式可借鑒日本園林（禪石花園）的三種設計方法。

1. 複製名勝古蹟：即移景，使用減法，用自然材料原樣複製自然，用岩石、鵝卵石、土墩、沙粒等表現出山脈、河流、瀑布、島嶼或宗教元素，如日本大德寺大仙院。

2. 主題象徵化：採用更少的元素設計一個象徵性的自然景觀，如日本妙心寺退藏院。

3. 主題抽象化： 將主題壓縮到最小，只用其要領和中心思想來設計一個抽象化的自然景觀，如龍安寺方丈庭院。

日式枯山水景觀的由來

傳統的日式枯山水設計多以大型池塘等水體為中心，但許多禪宗寺廟建在少水的偏遠地區，這些寺廟的僧侶只能看見缺水而漸漸枯死的植物。他們沒有強求和改變環境，而是接受了其作為自然的一部分去欣賞它的獨特美，於是就有了枯山水。

家具

日本傳統設計的特徵之一就是使用低矮的家具，作用在於留有足夠空間，使空間在視覺上更大；其次強調功能性，設計簡潔實用。日式榻榻米讓人感覺與大自然、大地更親近。

燈具

常見設計簡潔、顏色淡雅的燈具。

設計現代簡潔的家具　　　傳統日式紙質燈具　　　傳統日式榻榻米　　　傳統木質、紙質門窗

Tips

1. 將侘寂、「空」美學作為設計理念,讓空間保持「空」的氛圍,以強調住戶本人。
2. 引入自然光線,空間氛圍溫暖平靜。
3. 使用自然色調,如白色、米色、木色、大地色等。
4. 透過日本手工藝品來增強氛圍,如日本手工地毯,傳統榻榻米,日式亞麻、羊毛等天然纖維窗簾布品、日式燈具等。
5. 牆面、地面裝飾保持最少化,裝飾品與牆面、地板色調保持和諧一致,增添統一性,讓空間更整體、更開闊。
6. 選擇線條簡潔、沒有過多裝飾細節的家具。
7. 利用薰香等散發自然氣味,放鬆身心。
8. 盡量避免外露電視等電子產品,增加空間天然感。
9. 利用日式花道藝術增添氛圍美感。
10. 空間整體保持清爽整潔、自然簡單,營造「靜」的氛圍。

新中式風
New-Chinese

到位公式——中式屏風、窗櫺、木門＋雲紋、花鳥紋、回形紋等簡化中式紋樣＋簡化的古物展示架＋玫瑰椅、太師椅、書案、茶案等明清家具＋絲綢刺繡布品

- 傳統文化的創新
- 新型材料，現代元素
- 東方神韻，民族魂
- 清新含蓄，自然雅致

風格解析

新中式風不只是傳統家具、裝飾品等傳統元素的堆砌，而是將傳統中式風格與現代材料及當下審美結合的一種風格，用創新的審美方式來表達東方神韻和精神境界。

隨著中國經濟發展，越來越多人開始重視中國傳統裝飾風格，設計市場隨之擴大，願意為此付出努力與願意買單的人隨即增多，形成一股時尚設計風潮。從最初單純仿古到如今，創新的新中式風發展成為中國主流設計風格。

風格特點

1. 以中國傳統文化為背景，營造極富東方浪漫情調的生活空間，化繁為簡、深入淺出，將深厚的傳統文化底蘊用簡單的形式表現出來。

2. 講究空間層次感，使用中式屏風、中式窗櫺、中式木門、簡化的古物展示架等分隔空間，展現豐富多變的層次美，增加神祕感和趣味性。

高

中

低

3. 空間陳設形式多樣化，可塑性強，利用東方意境、禪宗等多種營造方式，有對稱、和諧統一等特點。

4. 重視質感與細節，根據氛圍不同，針對性地處理細節和質感，如古樸、莊嚴、自然等。

5. 室內氛圍含蓄內斂，空間佈局清晰，私密性較強。

6. 保留中國傳統美學精神、工匠精神，崇尚自然情趣，尊重手工靈魂，秉承設計應蘊含文化底蘊的設計理念。

歷史寶藏

heling

顏色

不同於傳統中式較為濃厚且成熟穩健的色彩，新中式風色彩淡雅，色調純度較低，更為輕盈、透氣、靈動。

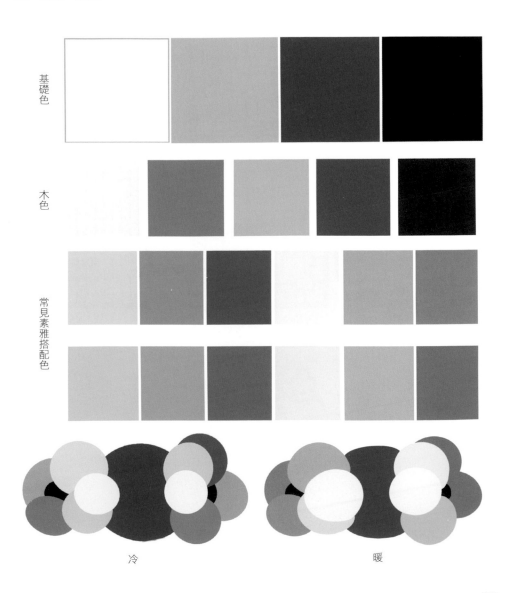

基礎色

木色

常見素雅搭配色

冷　　　　　　　　　　　　　暖

紋樣

新中式風更偏愛簡化的中式紋樣，弱化繁複的裝飾花紋，更強調意境。

中式紋樣資源豐富，如雲紋、龍鳳紋、饕餮紋、花鳥紋、回形紋等，可充分利用並簡化後，用於新中式空間。

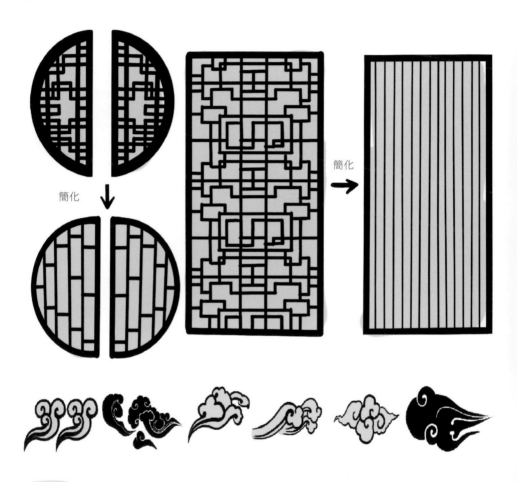

布品

要打造樸素素雅的氛圍，可用麻、紗、棉等低調質樸、溫暖舒適的材質；要打造低調奢華的氛圍，可用絲綢、天鵝絨等華麗的材質。窗簾等常用顏色較淺的紗搭配光線穿透力較弱的布料，而抱枕等小型布品作為點綴色，顏色與花紋選擇較多，如編織、刺繡花紋等。

空間

常用軟裝進行空間分隔，呈現若隱若現的半通透感。如隔窗、埡口、花窗、古物展示架、屏風等。

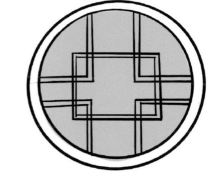

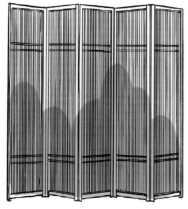

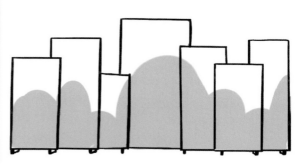

中式傳統園林的規劃方法也常被用於新中式風，如框景、障景、借景、漏景等。

家具

新中式風可用簡化傳統家具的方式低調含蓄地表達中式氛圍。常見以宋明清家具為設計原型的簡化家具,如玫瑰椅、太師椅、書案、茶案等;還可以用簡化的傳統家具混搭自然純樸風格的現代家具,如北歐風木質椅子等。

可用中式傳統盆景、傳統插花花藝等裝飾空間。

燈具

要點總結

1. 新中式風不是傳統、復古的堆砌，而是在傳統底蘊基礎上
   進行創新，用創新的審美理念來詮釋傳統中式神韻。
2. 色調素雅清新，氛圍低調，典雅大器。
3. 元素豐富，設計合理且人性化。
4. 空間層次感豐富，佈局講究。
5. 線條感十足，行雲流水，簡潔有力。

6. 傳統文化底蘊及
   內涵豐富，對設
   計者傳統文化、
   藝術知識儲備要
   求較高。

其他流行的中式風格

中式復古風格

氛圍：輕鬆俏皮，樸素，親和力強，憶苦思甜。

元素：瓷盆，鐵藝洗臉架，舊電器等。

特點：打造出屬於六〇～九〇年代的復古風格，具有一些幽默詼諧、俏皮，甚至調侃、叛逆的時代記憶。

中式意境風格

氛圍：神祕，自然，優雅，清新。

元素：意境山水畫，民間俗語傳說，宗教元素，禪宗等。

特點：根據中國典故、傳說、字畫等進行取材創作。影響中式意境風格的因素除了地域、人文、歷史等之外，宗教也是其中的重要因素之一。將中國多元化的宗教文化作為靈感是其中一種方式。

中國民族風格

氛圍：熱鬧，民族時尚，原生態，古樸。

元素：民族編織物，傳統手工藝品，傳統圖騰，多樣化造型。

特點：民族文化特色突出，強調紋樣藝術和手工藝術等，中國56個民族的豐富性，提供了無窮盡的靈感寶庫。

中式經典風格

氛圍：莊重嚴肅，華貴，雅致，神祕。

元素：風水，紅木，傳統手工布品，茶藝，水墨書畫，文房四寶，色調較暗沉，宗教元素等。

特點：此風格是對傳統中國經典風格的總稱，如今此風格也是非常受大眾歡迎的風格之一。東方傳統風格多樣，古代各個時期的傳統家具品種豐富、樣式多變、追求奇巧、選材講究、做工細緻，為此風格提供了眾多的元素與無限的可能性。

跳色個性風
Chroma

KEYWORD：色彩純度高，色彩對比度大，簡潔幾何，大色塊。

特點：跳色個性風近年來很受年輕消費族群歡迎。它是基於20世紀普普風和抽象主義等發展而來的一種現代視覺刺激藝術。此風格比前兩者顯得更理性，強調顏色對比，整體搭配簡單，常出現在藝術空間、商業空間等。家具的外形通常個性、誇張，特別突顯輕鬆、童趣的氛圍。

氛圍：
童趣，視覺刺激，叛逆

顏色

鄉村風
Rural

KEYWORD：小碎花，格子，條紋，粉嫩可愛。

特點：鄉村風一直是非常受大眾歡迎的風格之一。此風格崇尚舒適、自然樸實的裝飾，家具陳設以原木材質為主，功能上講究實用。布品圖案以自然花卉、樹木等為主，與鄉村自然相呼應。簡單質樸的材質這點與自然風、手作慢活風有相似之處，強調就地取材。在顏色上偏愛比較清新淡雅的色系，如淺綠色、淺藍色、白色、乳白色、米色等，淺暖色系能夠很有效地呈現出該風格溫暖、簡單、舒適的氛圍。

氛圍：
質樸，溫暖，簡單舒適

顏色

HELING 2018年3月

ling.

普普風／Pop

氛圍：豐富熱鬧，童趣幽默，精力充沛，叛逆。

KEYWORD：色彩大膽，印刷品，年輕，反差大，誇張。

元素：印刷品，刺激視覺的色彩，幾何圖案，重複圖案。

顏色：紅色、檸檬黃、蘋果綠、橙色、藍色、寶藍色等純度高的色彩。色調整體是明亮、鮮艷、對比的效果。

家具

受到同時代其他風格的影響，常見圓潤的線條，如曲線、圓形、橢圓形等。形式、用材、顏色多樣化，但並不顯廉價。如今的普普風常搭配個性、設計感十足的家具。

自然風
Natural

特點：看似普通的自然風卻是較難塑造的風格之一，由於自然包容性強，反而難掌握。自然將萬物塑造成千姿百態，最終卻組合成整體簡單、靜謐的氛圍。如進入原始森林，雖看似雜亂，但整體卻是幽靜、清新、放鬆的氛圍。自然裡的一切都好似不經意，本該在此處。這一點對於設計來說是難把握的。室內空間常見容錯率較高的處理方式，偏向於大物件較少且低調少裝飾，其他細節物品相對較多且材料顏色等較為統一。

氛圍：
整體空且靜，實則豐富且生命感強；100%天然，深呼吸

顏色

heling.

異國風／ Exotic Customs

氛圍：熱帶雨林，原始，混搭。

特點：主流的異國風主要是指非洲風格、東南亞風格等。就住戶本身而言，指的是其他民族、國外的一些區別較大的風格。如法國畫家亨利 盧梭的滿滿異國風格的畫面表達。下圖為非洲風格與工業風混搭。

老件收藏系／ Collect Old Objects

氛圍：豐富，歲月感，旅行，趣味性。

特點：主要流行於歐洲（西歐），又叫「跳蚤市場風」。設計師與熱愛舊物古玩的裝飾愛好者不定期在跳蚤市場和市集淘舊物，如有一定歷史的古董、七〇年代的電器、不同時代獨一無二的手作物等。搭配出和諧又有品味的氛圍是此風格的設計難點。

美式風／American

氛圍：舒適大器，低調奢華，多元化。

特點：美式風是一個多元化的裝飾風格。早期裝飾藝術風與新古典主義風格對其影響較大。崇尚古典韻味，省掉部分繁瑣裝飾，只保留一些古典外形，造型上更加簡潔、明快，強調舒適感。

溫馨浪漫系／ Valentine's

氛圍： 甜蜜，溫暖，粉色系。

特點： 顏色以粉色、糖果色為主，將空間打造出一種戀愛的甜蜜感。如歐式婚禮現場常見此風格，以淺色調糖果色、白色為基調色，營造出溫馨舒適、甜蜜浪漫的氛圍。

現代風／Modern

氛圍：快節奏，科技的，理性的，哲學的，工藝美。
特點：流線型，材料新穎，空間簡約、現代化，常採用具設計感且質感強的現代家具，家具多有平、整、硬、稜角分明等特點。整體重視設計感、功能性、工藝美與科技性，喜用智能家電，科技氛圍充滿空間角落。

摩洛哥風／Morocco

氛圍：熱鬧，華麗，民族風情。

特點：摩洛哥地處北非，阿拉伯文化、伊斯蘭文化、西西里文化等在此融合，現在流行的摩洛哥風強調民族風情。用色以暖色調為主，常見華麗的陶器、銀質金屬器皿、手工布品、原木家具等。

參考文獻

1. 格羅塞，藝術的起源，五南，2019。
2. 宮布利希，藝術的故事，聯經，2020。
3. 何人可，工業設計史，北京：高等教育出版社，2010。
4. 伊達千代，色彩設計的原理，北京：中信出版社，2011。
5. 原研哉，設計中的設計，龍溪，2007。
6. 約翰 派爾，世界室內設計史，北京：中國建築工業出版社，2007。
7. Emily Henderson, Angelin Borsics. Styled: Secrets for Arranging Rooms, from Tabletops to Bookshelves. Potter Style, 2015. 埃米莉・亨德森、安傑林・博爾希奇，家的風格，後浪，2018。
8. Justina Blakeney. The New Bohemians: Cool & Collected Homes. Stewart Tabori & Chang Inc, 2015.
9. Lauren Camilleri. Leaf Supply: A Guide to Keeping Happy House Plants Hardcover . Smith Street Books , 2018.
10. Rebecca Atwood. Living with Pattern: Color, Texture, and Print at Home . Clarkson Potter, 2016.

給所有人的居家風格課

作者／繪者	何玲
封面設計	白日設計
內頁構成	詹淑娟
文字編輯	溫智儀
企畫執編	葛雅茜
行銷企劃	王綬晨、邱紹溢、蔡佳妘
總 編 輯	葛雅茜
發 行 人	蘇拾平

出　　版	原點出版 Uni-Books
	Facebook：Uni-Books 原點出版
	Email：uni-books@andbooks.com.tw
	台北市105401松山區復興北路333號11樓之4
	電話：（02）2718-2001 傳真：（02）2719-1308
發　　行	大雁文化事業股份有限公司
	台北市105401松山區復興北路333號11樓之4
	24小時傳真服務 （02）2718-1258
	讀者服務信箱 Email: andbooks@andbooks.com.tw
	劃撥帳號：19983379
戶　　名	大雁文化事業股份有限公司

初版一刷	2022年3月

定　　價	450元
ISBN	978-626-7084-11-3（平裝）
ISBN	978-626-7084-14-4（EPUB）

國家圖書館出版品預行編目(CIP)資料

給所有人的居家風格課 / 何玲著. -- 初
版. -- 臺北市：原點出版：大雁文化事業
股份有限公司發行, 2022.03
304面； 14.8 × 21公分
ISBN 978-626-7084-11-3(平裝)

1.家庭佈置 2.空間設計

422.5　　　　　　　　　　111003669

圖書許可發行核准字號：文化部部版臺陸字第
111036號
出版説明：本書係由簡體版圖書《我想要的
家》以正體字在臺灣重製發行，期能藉引進華
文好書以饗臺灣讀者。

原著作名：《我想要的家：23種風格提案讓家越住越美》
作者：何玲
本書中文繁體字譯本，由化學工業出版社有限公司通過一隅版權代理（廣州）工作室授權大雁文化事業股份
有限公司‧原點出版